Estrategias de Integración de la Cadena Agroalimentaria en Tlaxcala a partir de la Calabaza de Castilla
(*Cucúrbita pepo L.*)

Estrategias de Integración de la Cadena Agroalimentaria en Tlaxcala a partir de la Calabaza de Castilla (*Cucúrbita pepo L.*)

José Víctor Galaviz Rodríguez
Yésica Mayett Moreno
Judith Cavazos Arroyo
Patricia de la Rosa Peñaloza
Ana Paola Sánchez Lezama

Número de Control de la Biblioteca del Congreso de EE. UU.:   2012914392
ISBN: Tapa Dura   978-1-4633-2473-5
                   Tapa Blanda   978-1-4633-2472-8
                   Libro Electrónico   978-1-4633-2474-2

Este libro fue impreso en España.

Fecha de revisión: 05/04/2013

Para realizar pedidos de este libro, contacte con:
Palibrio
1663 Liberty Drive
Suite 200
Bloomington, IN 47403
Gratis desde España al 900.866.949
Gratis desde EE. UU. al 877.407.5847
Gratis desde México al 01.800.288.2243
Desde otro país al +1.812.671.9757
Fax: 01.812.355.1576
ventas@palibrio.com
421112

ÍNDICE GENERAL

CAPÍTULO 3   MARCO TEÓRICO

CAPÍTULO 4   METODOLOGÍA

CAPÍTULO 5   ANÁLISIS DE RESULTADOS

CAPÍTULO 7   IMPLEMENTACIÓN DE LAS ESTRATEGIAS

ÍNDICE DE FIGURAS

ÍNDICE DE TABLAS

DEDICATORIAS

A DIOS

Gracias dios mío, por tanta benevolencia que has tenido conmigo, por los obstáculos que he vencido y por la fuerza que me has dado para hacerlo y llegar a este momento tan importante en mi profesión

A MIS PADRES

Virginia Rodríguez Corona + *Siempre esta en mi corazón*
Juan Rosario Galaviz Carmona
Por su ejemplo a seguir como los mejores padres

A MI ESPOSA

Laura Olivia Robles García
Por su paciencia y comprensión, su constante apoyo e impulso

A MI SUEGRA

Esther García Guadarrama
Por sus valores universales, apoyo e impulso

A MIS HIJOS

José Víctor y Silvia Camila
Motivación para lograr mis metas

A MIS HERMANOS

Silvia, José Reyes, Domingo, José Luis, Virginia, Benito, Aurelia, Patricia, Emiliano y Marcos
Por su apoyo y comprensión

AGRADECIMIENTOS

A la

Universidad Popular Autónoma del Estado de Puebla
Centro Interdisciplinario de Posgrados Investigación y Consultoría.
Departamento de Ingeniería y Tecnologías de Información
Doctorado en Planeación Estratégica y Dirección de Tecnología
Dr. José Alfredo Miranda López
Dr. José Pablo Nuño de la Parra
Dra. Beatriz Pico González

A la

Universidad Tecnológica de Tlaxcala
Carrera de Ingeniería en Procesos y Operaciones Industriales
Carrera de Ingeniería en Mantenimiento Industrial
C.P. Alejandro García Arenas
Luís Ervey Sánchez Márquez Ph.D.
M. en C. Ismael Nava Lumbreras
C.P. Verónica Hernández Escamilla
Ing. Benjamín Hernández Torres
Ing. Carlos Hernández Carrillo

Al

Sindicato Único de Trabajadores de la Universidad Tecnológica de Tlaxcala, en especial al.
M. en C. Ernesto Mendoza Vázquez

Al

Instituto Tecnológico de Apizaco
Maestría en Ingeniería Administrativa
M. en C. Jesús Mario Flores Verduzco
M. en C. Leoncio González Fernández
M. en C. María Guadalupe Medina Barrera
Ing. Rafael Ordoñez Pérez
Ing. José Hernández Temoltzin
Dra. Alejandra Torres López
M. en A. Ma. Elizabeth Montiel Huerta
M. en C. Crisanto Tenopala Hernández

Al
Dr. Carlos García Meneses
Dr. Tomas Morales Acotzi

Mtra. Ana Paola Sánchez Lezama

Emplo a seguir

A LOS PRODUCTORES DE CALABAZA DE CASTILLA DEL ESTADO DE TLAXCALA

¿A qué Aspiro? A un sector rural, agropecuario y agroindustrial moderno, competitivo, equitativo, sustentable y dinámico, que sea un motor fundamental del desarrollo económico del país y que mejore sustancialmente las condiciones de vida de la gente del campo Tlaxcalteca

RESUMEN

Esta investigación propone estrategias regionales para el desarrollo rural en Tlaxcala: 1. Fomentar el aprovechamiento sustentable de la tierra y los recursos naturales asociados a ella. 2. Impulsar la generación de empresas rentables en el territorio social. Las cuales están en congruencia con el Programa Especial Concurrente para el Desarrollo Rural Sustentable 2007-2012.

El objetivo es conocer la demanda actual de los productos de calabaza de castilla para diseñar un sistema flexible y estratégico encaminado a su industrialización, para lograr un aprovechamiento del desperdicio generado, y permitir la cadena de producción- consumo de los Tlaxcaltecas.

En los últimos ciclos de producción, aproximadamente el 90 % de la cosecha, de calabaza de castilla no se aprovecha por desconocer un proceso de conservación, lo único que se utiliza es la semilla para comercializarla. En el año 2008, autoridades de la Secretaría de Agricultura, Ganadería, Desarrollo Rural, Pesca y Alimentación (SAGARPA), previeron que el número de hectáreas de siembra aumentaría a 840 por lo que se proyectó un desperdicio de 435,03 toneladas /ciclo aproximadamente.

Los resultados determinaron que la demanda de la mermelada y deshidratado de la calabaza de castilla es de 105,235.16 kilogramos/año, productos que brindarán una solución integral a los consumidores.

ABSTRACT

This research proposes regional strategies for rural development in Tlaxcala 1. To promote the sustainable use of land and natural resources associated with it. 2. Enhance the generation of profitable companies in the social area. Which are consistent with the Special Concurrent Program for Sustainable Rural Development 2007-2012.

The aim is to determine the current demand for products pumpkin to design a flexible and strategic approach aimed at industrialization, the attempt to achieve the waste generated, and allow the production-consumption Tlaxcalteca.

In recent cycles of production, approximately 90% of the harvest, pumpkin is not used for ignoring a preservation process, the only thing is the seed used to commercialize it. In

2008, officials from the Ministry of Agriculture, Livestock, Rural Development, Fisheries and Food (SAGARPA), predicted the number of hectares of planting would increase to 840 was planned as a waste of 435.03 tons / cycle approximately.

The results determined that the demand for jam and dehydrated pumpkin is 105,235.16 pounds per year, products that provide a comprehensive solution to consumers.

INTRODUCCIÓN

El México de hoy ofrece a la sociedad civil la oportunidad y a la vez la obligación de participar en tareas que antes eran exclusivas del Estado, para que de forma conjunta vayamos construyendo la Nación a la que aspiramos. Una de las tareas compartidas de crucial importancia es la construcción de una democracia que no se agote con el ejercicio electoral, sino que vaya más allá del hecho de ejercer el derecho al sufragio, hasta convertirse en el ejercicio continuo de la responsabilidad y la solidaridad social.

El Programa Especial Concurrente para el Desarrollo Rural Sustentable, PEC, contiene la Política de Desarrollo Rural que se aplicará en la presente Administración de Gobierno,

2007-2012, en congruencia con los objetivos y estrategias nacionales definidas en los cinco ejes rectores del Plan Nacional de Desarrollo. Pone a consideración de todos los sectores que integran la sociedad mexicana, una serie de propuestas orientadas a mejorar la situación del sector agropecuario y de la gente del campo.

En él se establece dos estrategias claras y viables para avanzar en la transformación del medio rural de nuestro Estado sobre bases sólidas, realistas y sobre todo responsables, para contribuir a los objetivos de una economía competitiva y generadora de empleos, de igualdad de oportunidades, de Estado de derecho y seguridad y de sustentabilidad agrícola. Tales estrategias son: 1. Fomentar el aprovechamiento sustentable de la tierra y los recursos naturales asociados a ella. 2. Impulsar la generación de empresas rentables en el Territorio Social. Mediante este programa se pretende fomentar acciones para iniciar un nuevo ciclo de planeación y prospectiva que permitan un desarrollo integral con visión de largo plazo, tomando como premisa básica el Desarrollo Humano Sustentable de los habitantes del medio rural como detonador de las transformaciones que se requieren para superar sus rezagos económicos y sociales.

Para el Gobierno de la República, es fundamental tomar decisiones valorando no sólo la situación actual de los habitantes del medio rural y de sus recursos, sino de una valoración del futuro y de las condiciones a las que aspira sus habitantes, para afrontar con éxito el porvenir, para ello la Comisión Intersecretarial para el Desarrollo Rural Sustentable (CIDRS) realizó una serie de Foros de Consulta en toda la República que contó con la participación entusiasta, abierta y plural de la sociedad rural. El presente y el futuro del campo mexicano no es solo responsabilidad de las personas que viven en las áreas rurales. El espacio geográfico y los recursos naturales que en él se encuentran, es un patrimonio nacional.

El objetivo general del estudio es conocer la demanda actual de los productos de calabaza de castilla, para diseñar un sistema flexible y estratégico encaminado a su industrialización, permitiendo a los productores, comerciantes y potenciales consumidores contribuir al bienestar económico y social de los Tlaxcaltecas. El propósito del estudio consistió en proponer estrategias regionales para el desarrollo rural sustentable en la región de Tlaxcala, para lograr un aprovechamiento del desperdicio de la calabaza de castilla, cuya orientación es proporcionar a los productores, comerciantes y potenciales consumidores una oportunidad para mejorar sus condiciones de vida y su participación e incorporación al desarrollo estatal de acuerdo al Programa Especial Concurrente 2007-2012.

El desarrollo rural sustentable es el paradigma actual en el campo. En los países desarrollados, está dirigido a fomentar el cambio tecnológico y a expandir los mercados; mientras que, en los nuestros, el principal objetivo es la lucha contra la pobreza y la reducción del deterioro de los recursos naturales. La importancia del DRS es crucial en el contexto del atraso, marginación, exclusión social y violencia rural que suelen acompañarse por altos índices de degradación ambiental persistentes en el campo mexicano, en donde habitan las dos terceras partes de los mexicanos en "extrema pobreza". Los estudios sobre el campo demuestran que no es suficiente una visión sólo desde la economía, y que no tome en cuenta el impacto social (Rubio y Bartra 2003).

El objeto de estudio fue la cadena de producción—consumo de la calabaza de Castilla (*Cucúrbita pepo L.*). Productores, Industria, Establecimientos y consumidores finales en los diferentes municipios del Estado de Tlaxcala. La examinación de los objetivos planteados respecto a: 1) Medición del interés de los productores por industrializar, 2) Determinación del proceso de transformación de la calabaza por los productores, 3) Evaluación del tipo de productos que demandan o sugieren los productores, comerciantes y consumidores y 4) Análisis de las necesidades del mercado meta respecto a las características del producto, se llevó a cabo a través de una investigación transversal descriptiva. Un instrumento por medio de una entrevista personal fue aplicado a 381 productores, 183 comerciantes y 384 consumidores. Las preguntas realizadas en los cuestionarios que se encuentran en los anexos 1, 2, 3 y 4. Para los subsecuentes análisis se utilizan variables equivalentes a las preguntas establecidas en los cuestionarios (Tablas 21, 22 y 23), la escala definida para dichas variables se muestra en la Tabla 24. Es importante mencionar que en esta investigación, la escala likert es considerada como ordinal, las respuestas más positivas obtienen una mayor puntuación de 5 y las más negativas son codificadas con un valor de 1.

El análisis estadístico se realizo utilizando el software SPSS versión 15.0, utilizando técnicas estadísticas tales 1. Prueba de hipótesis de asociación 2. Prueba chi cuadrada de independencia—Prueba de hipótesis de asociación entre variables nominales 3. Prueba exacta de Fisher de significancia para tablas I*J—Prueba de hipótesis de asociación entre variables nominales 4. Coeficiente o medidas de asociación 5. Coeficiente phi o fi—Medida de la fuerza de asociación entre variables nominales 6. V de cramer—medida de asociación entre variables nominales 7. Gamma de Goodman—Kruskal—Medida de asociación entre variables nominales—ordinal 8. Tau c y b de Kendal—Medida de asociación entre variables ordinales 9. Coeficiente de correlación Rho de Spearman— Medida de asociación entre variables ordinales 10. Pruebas chi cuadrada de bondad de ajuste.

El trabajo de investigación está dividido en 7 capítulos: El primer contempla el planteamiento del problema, problema de investigación, propósito, objetivo, justificación, alcances, limitaciones y resultados esperados. En el segundo capítulo se presenta el marco referencial tales los antecedentes del Estado de Tlaxcala, localización, geografía, extensión, orografía, hidrología, clima, agricultura, principales hortalizas que se cultivan en Tlaxcala, los distritos de desarrollo rural sustentables, plan de desarrollo Federal y Estatal, Información de la calabaza de Castilla, usos, aplicaciones entre otras. En el tercer capítulo se presenta el marco teórico nos introduce en el terma del surgimiento del concepto sustentabilidad, el surgimiento del concepto a nivel de la agricultura, definiciones del concepto de agricultura sustentable, clasificaciones de los diferentes significado propuesto para el concepto de sustentabilidad agrícola, elementos conceptuales de la integración de cadenas agroalimenticias, tipos de agricultura, teorías de desarrollo sustentable, tendencias mundiales en la organización y financiamiento de la ciencia, tecnología e innovación agrícola y agroindustrial, estrategias y planeación industrial y empresarial. En el cuarto capítulo se muestra la metodología mencionando el objeto de estudio, identificación de la población a estudiar en los siguientes sectores productores, industria, comercio y consumidores, hipótesis, metodología del diseño de la investigación y técnicas estadísticas empleadas. En el quinto capítulo se presenta el análisis de resultados tales como descriptivos, contraste y conclusiones de las hipótesis. En el sexto capítulo se encontrara la discusión de resultados y conclusiones. Finalmente, el séptimo capítulo se presenta las estrategias elaboradas a partir de una reflexión sobre las posibilidades y opciones metodológicas y de ajuste en la política de atención al desarrollo rural, contemplando principios básicos sobre los cuales se puede renovar la estrategia de desarrollo rural.

CAPÍTULO 1

DEFINICIÓN Y PROPOSITO DE LA INVESTIGACIÓN

1.1 Planteamiento del problema

De acuerdo con Laird (1977) generalmente los objetivos del desarrollo agrícola de una nación se expresan en términos de los aumentos proyectados en la producción de cultivos o ganados específicos, las razones principales para dar prioridad y concentrar recursos en la producción de determinadas actividades agropecuarias son: reducir las deficiencias domésticas de alimentos y fibra, disminuir las importaciones de productos agrícolas o aumentar las exportaciones de éstos. Así, en la agricultura de subsistencia, el objetivo central de su desarrollo consiste en lograr los cambios en la producción agropecuaria que resulte en mayores ingresos netos para la población rural, ello representa el paso esencial y primordial en el mejoramiento de la calidad de vida en esas áreas rurales. Los bajos ingresos agrícolas de los agricultores tradicionales son una consecuencia directa de las superficies pequeñas de tierra que cultivan y de la baja productividad de ésta, para lograr los aumentos en los ingresos agrícolas de estos pequeños productores es necesario aumentar la superficie de tierra que cultivan, reducir los costos de producción o incrementar la productividad de sus tierras.

Para la CEPAL (1982) de un total de 2´557,070 productores agrícolas, el 86.6 % son campesinos y de éstos 71.9 % son de infrasubsistencia y subsistencia y poseen 21.9 % de la superficie laborable de temporal, 14.7 % son estacionarios y excedentarios y poseen 34.9 % de la superficie laborable de temporal, 11.6 % son transicionales y poseen 22.4 % de la superficie laborable de temporal y 1.8 % son productores empresariales y poseen 20.8 % de la superficie laborable de temporal.

Según Grassi (1983) el desmesurado incremento de los precios de los insumos de la producción, los bajos rendimientos (debidos a siembras bajo temporal con lluvias irregulares, en suelos de baja productividad y uso de tecnologías tradicionales con bajo o nulo uso de insumos mejorado), el bajo precio del grano, la poca superficie disponible y la cada vez más alta necesidad de diversificar sus actividades para complementar su ingreso familiar, resulta en una menor inversión en tiempo y capital por el productor al cultivo, ello hace necesario fortalecer estrategias de investigación que contribuyan a una mejor planificación en la producción de cultivos.

Guevara (1988) menciona que en la agricultura los campesinos suman alrededor de 5 millones, de éstos aproximadamente 2.4 millones son ejidatarios, 1.2 millones pequeños propietarios y 1.4 millones jornaleros asalariados al parecer, sin tierra, sin incluir a los familiares de los productores.

De acuerdo con Janvry (1995) se pueden establecer cinco categorías de productores agrícolas en México, diferenciados por su participación en los mercados alimentario y laboral: campesinos sin tierra, minifundistas o de infrasubsistencia, pequeños productores de subsistencia, pequeños productores capitalizados y agricultores comerciales.

En áreas de bajo potencial productivo para maíz en la región de estudio, Pérez (1997) encontró que ante el retiro de apoyos institucionales (crédito, seguro y asistencia técnica, principalmente), los agricultores continuaron sembrando ese cultivo, aunque en menor superficie, siguiendo la estrategia de incrementar sus actividades extrafinca, para con el ingreso generado por ello y la venta de maíz, financiar la actividad agrícola y los escasos recursos institucionales que podían captar (PROCAMPO, Crédito a la Palabra), destinarlos a reponer la inversión por la preparación de tierras y compra de fertilizantes, así como a la compra de comida, zapatos y de otros bienes necesarios. Ello resalta la necesidad de conocer las estrategias de sobrevivencia de las unidades de producción que conforman el modelo de toma de decisiones en la planeación de las actividades agrícolas.

Sin embargo, Mata (2002) reporta que de acuerdo con la Secretaría de Agricultura y Ganadería, las unidades de producción rural se cuantifican en 3.8 millones, de las cuales 500 mil son empresariales, 900 mil son de subsistencia y 2.4 millones son unidades de producción con potencial aún no desarrollado. En el caso de México, Castelán (2003) estima que para el 2012 la demanda de los alimentos en México será de 50 millones de toneladas, sin embargo, el Estado no cuenta con la capacidad de inversión necesaria para adquirir suficiente infraestructura, por lo tanto, se ha abierto a la iniciativa privada para su financiamiento, aunque dicho apoyo se ha enfocado a usuarios que aseguren la recuperación de los créditos, esto es, son préstamos destinados a atender solamente a usuarios con solvencia económica, en su mayoría a agricultores de cultivos de exportación que sólo buscan maximizar sus ganancias, sin importarles la producción de básicos o el ahorro de agua.

De acuerdo con Damián y Boltvinik (2003) la evolución de la pobreza en México muestra un signo desalentador, ya que los niveles de ésta son los mismos que había hace más de 30 años. Según cifras del Banco Mundial, en 2002 la mitad de la población mexicana vivía en condiciones de pobreza y la quinta parte en pobreza extrema (Walton y López, 2005), es oportuno anotar que, según Székely (2005), la actual crisis en el campo mexicano se puede describir a partir de: a) La pobreza de la población tanto urbana como rural, b) La importación de alimentos y c) La pérdida de la soberanía alimentaria. El conocimiento nuevo que se genere a partir de la investigación agronómica debiera fundamentarse en esta realidad para darle el sentido social del que ha carecido en lo general, y no sólo en México, sino en el mundo, la ciencia, y en lo particular, la agronómica.

De acuerdo con Gómez y Schwentesius (2004) a 10 años del TLCAN, México está perdiendo su soberanía alimentaria por una mayor dependencia de las importaciones que han generado una gran fuga de divisas. Ello contradice lo reportado en el Capítulo XVII de la Ley de Desarrollo Rural Sustentable referente a la Seguridad y Soberanía Alimentaria, mencionando que el Estado establecerá las medidas para procurar el abasto de alimentos y productos básicos estratégicos a la población, promoviendo su acceso a los grupos sociales menos favorecidos y dando prioridad a la producción nacional y, deberá conducir su política agropecuaria a fin de que los programas y acciones para el fomento productivo y el desarrollo rural sustentable, así como los acuerdos y tratados internacionales propicien la inocuidad, seguridad y soberanía alimentaria, mediante la producción y abasto de los productos básicos y estratégicos.

Según Baca (2006), de los aproximadamente 100 millones de habitantes (103.1 millones en 2005, de acuerdo con INEGI, 2006) que posee el país, más del 50 % se encuentra por debajo de la línea de pobreza, en el sector rural la proporción de la población pobre es mayoritaria, pues según las mediciones de la Secretaría de Desarrollo Social (SEDESOL), de los cerca de 26 millones de habitantes rurales, 70 % carece de ingreso suficiente para cubrir los requerimientos básicos de alimentación, salud, educación y vestido y 35 % no recibe un ingreso que le permita pagar al menos sus gastos en comida, por lo que se encuentra en clara vulnerabilidad alimentaria.

Según Calva (2006), los programas neoliberales aplicados desde 1982 hasta el presente, comprendieron un proceso de liberalización del sector agropecuario, cuyas vertientes principales son: 1) La severa reducción de la participación del Estado en la promoción del desarrollo económico sectorial, 2) La apertura comercial unilateral mediante la inclusión total del sector agropecuario en el Tratado de Libre Comercio de América del Norte (TLCAN), 3) La reforma de la legislatura agraria que suprimió el carácter inalienable, inembargable e imprescriptible de la propiedad campesina ejidal y comunal, instituido por la Revolución Mexicana, abriendo múltiples vías para el comercio de tierras y la concentración agraria en grandes unidades de producción.

Salazar (2006), actualmente el PROCAMPO es el principal programa de apoyo institucional para la agricultura en México y está programado para terminarse en 2008, este programa, junto con los programas de la Alianza Contigo, constituye el marco de referencia del modelo de toma de decisiones de las instituciones del sector agropecuario, con respecto a las actividades agrícola de los productores. Ante el escenario de pobreza del sector rural en general, las políticas neoliberales actualmente aplicadas en el campo mexicano que favorecen a la agroindustria y a un pequeño grupo de productores empresariales, la disminución de los apoyos a las instituciones de enseñanza e investigación agropecuaria y forestal, la creciente degradación de los recursos naturales y la condición de riesgo e incertidumbre por las condiciones de suelo, topografía, clima y manejo, así como las condiciones socioeconómicas de los productores de maíz bajo temporal, se torna necesario darle un sentido social al conocimiento científico expresado en nuevas herramientas metodológicas, generado para una sociedad en lo general y para la sociedad rural en lo particular, entendiendo como sentido social, el buscar la mayor precisión en la aplicación de las nuevas herramientas metodológicas como es la evaluación multicriterio en el entorno de los sistemas de información geográfica, para el auxilio en la toma de decisiones, cuando el destinatario de los resultados de la investigación es el productor agrícola de subsistencia.

Algunas características de los productores de subsistencia en los ejidos de México, de acuerdo con Lanjouw (2007) son:

a. Poseen nivel bajo de educación, mayormente primaria.
b. Reciben remesas de algún pariente en el extranjero.
c. Tienen poca participación en cultivos comerciales por bajos precios de la cosecha y problemas de comercialización.
d. Recurren a prestamistas por crédito.
e. Poseen tamaño reducido de parcela, menos de 5 ha en 60-80 por ciento de los casos.
f. Tienen baja participación en actividades de gestión-cesión de tierras en renta, al tercio, a medias.
g. Residen en ejidos con bajo capital social.

Otras características, según Verner (2005) son:

a. Producen para el autoconsumo, principalmente maíz y frijol.
b. Carecen de trabajo remunerado jornal agrícola familiar no remunerado.
c. Carecen de sistemas de seguridad social (salud y educación, principalmente).
d. Carecen de oportunidades laborales, se desempeñan como jornaleros (que conlleva a desatender el predio familiar, jornales con baja remuneración).
e. Producen cultivos básicos de autoconsumo, y pequeña ganadería (agricultura de subsistencia y traspatio).
f. Producen en condiciones de lluvia escasa e irregular (más de 8 millones de hectáreas con temporal irregular).

g. Obtienen baja calidad de la cosecha (por dosis bajas de fertilización), obtienen bajos rendimientos de la cosecha.
h. Tienen baja capacidad de generación de ingresos.
i. Carecen de tecnología moderna de producción (alto costo de los insumos).
j. Carecen de infraestructura básica de almacenamiento de cosechas para prevenir fluctuaciones de los precios de las cosechas.
k. Carecen de asistencia técnica para mejorar la productividad de sus tierras (asistencia técnica privada).
l. Carecen de facilidades de organización ante los mercados (desorganización campesina).
m. Poseen alta variabilidad del ingreso familiar y baja capacidad de ahorro.
n. Poseen suelos con pendiente mayor que 5 por ciento y propensos a erosión.

1.2 Planteamiento del problema

El fortalecimiento e impulso de las actividades agrícolas en el Estado de Tlaxcala se han logrado mediante la participación de productores, organizaciones y los tres niveles de Gobierno, al dotar a los productores de los insumos necesarios para que el campo Tlaxcalteca sea más productivo, el ciclo agrícola 2007 ha representado un repunte en el número de hectáreas cosechadas y en la producción final de calabaza de castilla, en comparación con la siembra de 2006. Esta constante se ha observado en los últimos ciclos de producción, aproximadamente el 90 % de la cosecha de calabaza de castilla no se aprovecha, por desconocer un proceso de conservación, lo único que se utiliza es la semilla para comercializarla. Por lo que, para el 2008, prevén que el número de hectáreas de siembra de calabaza de castilla aumente a 840 hectáreas, teniendo una proyección de desperdicio que representará unas 435,03 toneladas /ciclo, cantidad utilizada como abono orgánico para la regeneración de los suelos agrícolas (Secretaría de Agricultura, Ganadería, Desarrollo Rural, Pesca y Alimentación [SAGARPA],2008).

1.3 Propósito

El propósito de esta investigación es proponer estrategias regionales para el desarrollo rural sustentable en la región de Tlaxcala, para lograr un aprovechamiento del desperdicio de la calabaza de castilla, cuya orientación es proporcionar a los productores, comerciantes y potenciales consumidores una oportunidad para mejorar sus condiciones de vida y su participación e incorporación al desarrollo estatal de acuerdo al Programa Especial Concurrente 2007-2012.

1.4 Objetivo general

Conocer la demanda actual de los productos de calabaza de castilla, para diseñar un sistema flexible y estratégico encaminado a su industrialización, permitiendo a los productores, comerciantes y potenciales consumidores contribuir al bienestar económico y social de los Tlaxcaltecas.

1.5 Objetivos específicos

- Medir el interés por parte de los productores por industrializar la pulpa de calabaza de castilla.
- Determinar el proceso de transformación de la calabaza de castilla que prefieren los productores.
- Evaluar tipo de productos de calabaza de castilla que demandan los productores, comerciantes y potenciales consumidores.
- Analizar las necesidades del mercado meta, comerciantes y consumidores, respecto a las características de los productos de calabaza de castilla.
- Proponer estrategias para el aprovechamiento de la calabaza de castilla.

1.6 Justificación

Para Castells (2000), esta nueva economía "basada en la productividad generada por conocimiento e información, es una economía global.

Global no quiere decir que todo esté globalizado, sino que las actividades económicas dominantes están articuladas globalmente y funcionan como una unidad en tiempo real, fundamentalmente funcionan en torno a dos sistemas de globalización económica: por un lado, la globalización de los mercados financieros interconectados, en todas partes, por medios electrónicos y, por otro lado, la organización a nivel planetario de la producción de bienes y servicios y de la gestión de estos bienes y servicios".

El desarrollo rural se inserta en un contexto de cambios profundos. En los últimos años se han visto efectos sorprendentes en la economía global, que tienen como elementos centrales la globalización, la apertura de los mercados y los avances tecnológicos. Estos elementos constituyen los pilares básicos sobre los cuales se establecen los principales lineamientos de las políticas macroeconómicas nacionales. Por estas razones es claramente importante poner énfasis en el desarrollo de las cadenas agroalimentarias y/o agroindustriales, con el objeto de alinear los esfuerzos individuales y colectivos en cada etapa del proceso de transformación a fin de satisfacer las necesidades del consumidor final. De manera general, el sector rural enfrenta problemas de dispersión, fragmentación, estacionalidad, irregularidad en las entregas y una oferta limitada tanto en variedades como en cantidades. Esto trae como consecuencia altos costos de operación y transacción a lo largo de la cadena dado que las ineficiencias de los eslabones impactan el precio al consumidor final (Food and Agriculture Organization [FAO], 2004).

El subsector industrial agroalimentario ha mostrado dinamismo en su crecimiento. Al interior del sector industrial, el desempeño del procesamiento de alimentos se ubica actualmente entre los de mayor dinamismo, con una tasa de crecimiento de 3.6 % anual. Ante la presencia de subsectores con gran empuje y crecimiento, como el mostrado por las ramas de productos metálicos y minerales no metálicos en la industria mexicana, la participación de la producción industrial de alimentos, aunque sigue siendo importante en el producto industrial interno bruto, se modificó de 26 % a 24.5 % en la década reciente. La producción de alimentos procesados en México ha mostrado un fluido intercambio comercial con el exterior. Las exportaciones, por ejemplo, aumentaron de 0.08 % a 0.17 % entre 1990 y 1999, del monto total de su producto interno bruto generado. Datos recientes indican que el crecimiento de la exportación de alimentos procesados de enero/julio 1999 a enero/julio 2000 fue de 6.5 %. Este crecimiento, sin embargo, fue superado por el crecimiento de sus importaciones, las que en este período aumentaron en 17.2 %. La situación descrita (Tabla 1) ha dado como resultado una balanza comercial deficitaria del sector de alimentos procesados, déficit que ha sido creciente en períodos recientes (Instituto Nacional de Estadística, Geografía e Informática [INEGI],2005).

Tabla 1. Producto interno bruto por entidad federativa, 2000-2005

Entidad federativa	Porcentaje respecto al PIB nacional (precios corrientes)					
	2000	2001	2002	2003	2004	2005
Distrito Federal	22.51	22.32	23.21	22.73	21.84	21.13
México	10.10	10.01	9.64	9.43	9.48	10.45
Nuevo León	7.08	6.99	7.13	7.25	7.43	7.25
Jalisco	6.45	6.57	6.41	6.27	6.31	6.24
Chihuahua	4.59	4.42	4.24	4.36	4.33	4.59
Veracruz	3.98	4.04	4.05	4.09	4.17	4.08
Guanajuato	3.43	3.41	3.52	3.57	3.60	3.78
Coahuila	3.12	3.10	3.23	3.29	3.37	3.55
Puebla	3.76	3.77	3.65	3.67	3.55	3.34
Baja California	3.63	3.48	3.30	3.37	3.50	3.32
Tamaulipas	3.10	3.06	3.12	3.23	3.34	3.29
Sonora	2.67	2.68	2.54	2.58	2.68	2.71
Michoacán	2.23	2.21	2.12	2.17	2.21	2.26
Sinaloa	1.94	1.90	1.91	1.91	1.99	1.95
Chiapas	1.63	1.65	1.69	1.70	1.70	1.82
San Luis Potosí	1.72	1.66	1.65	1.71	1.81	1.81
Querétaro	1.73	1.73	1.72	1.71	1.72	1.79
Guerrero	1.72	1.78	1.75	1.72	1.68	1.58
Quintana Roo	1.40	1.54	1.53	1.58	1.64	1.53
Oaxaca	1.48	1.54	1.55	1.56	1.52	1.45
Morelos	1.33	1.43	1.36	1.41	1.38	1.42
Yucatán	1.39	1.45	1.40	1.41	1.41	1.36
Aguascalientes	1.24	1.26	1.25	1.24	1.23	1.34
Hidalgo	1.30	1.30	1.30	1.29	1.30	1.33
Durango	1.20	1.26	1.26	1.30	1.33	1.29
Campeche	1.20	1.20	1.28	1.24	1.24	1.16
Tabasco	1.21	1.25	1.22	1.24	1.25	1.13
Zacatecas	0.72	0.74	0.73	0.75	0.76	0.81
Baja California Sur	0.54	0.58	0.58	0.60	0.60	0.63
Colima	0.55	0.53	0.55	0.53	0.53	0.54
Tlaxcala	0.53	0.56	0.54	0.55	0.57	0.54
Nayarit	0.53	0.58	0.57	0.54	0.54	0.52

Fuente: Banamex, Estudios económicos y sociopolíticos de México, diciembre de 2006. SIG Metrópoli 2025, diciembre 2006. Sistema de Cuentas Nacionales.

Estas preocupaciones están conectadas a la discusión internacional sobre los subsidios (Fritscher, 2002) en la cual de antemano ya se ha perdido, pues México, sin ser un gran exportador agropecuario, se ha autoimpuesto la renuencia a apoyar a sus agricultores afectando la soberanía alimentaria. Es claro que más que beneficiar al país, esta política constituye una prolongación de la política alimentaría de EUA en nuestro país, donde la nuestra es su complemento, absteciéndola de frutas, carne y hortalizas, y es subordinada en alimentos como maíz, frijol, soya y sorgo, entre otros, sin olvidar la importación de alimentos procesados, cuya balanza es desfavorable para el país.

Los estudios sobre el campo demuestran que no es suficiente una visión sólo desde la economía, y que no tome en cuenta el impacto social (Rubio y Bartra 2003) y el ecológico (Carabias y Toledo, 1987). Además, de tales investigaciones se desprende la gran importancia que adquiere el aspecto técnico y, junto a él, la orientación de las políticas públicas a fin de atender problemas diferentes, y de esta forma satisfacer necesidades distintas de la población, sin que ello limite una presencia institucional, siempre y cuando ésta se traduzca en impactos positivos para el conjunto del agro y a la economía mexicana, y no sólo para unas islas de prosperidad (FAO, 2003).

La situación actual del campo mexicano, con el propósito de entender lo que ocurre en el sector rural en la actualidad es resultado de dos situaciones: la primera, el ciclo económico influenciado preponderantemente por el comportamiento de la economía estadounidense, en particular el mercado de productos agroalimentarios a partir del TLCAN, y segunda, las políticas públicas dirigidas al agro, instrumentadas en los años recientes y encaminadas a subordinar la complejidad social y diversidad productiva y organizativa del agro a un esquema rígido preestablecido, que en lugar de mejorar la cooperación y eficiencia del conjunto, se limita a hacer atractivas las inversiones exclusivamente privadas, y sin tomar en cuenta el papel del sector social y la posibilidad de generar sus propias inversiones. La polarización ancestral del campo mexicano se hace más grave y el modelo en boga la refuerza, más que atenuarla, según puede derivarse del hecho de que, por un lado, las exportaciones agropecuarias a raíz del TLCAN (Del Valle, 2004).

La incertidumbre derivada de un frágil equilibrio financiero en el entorno internacional, con precios del petróleo al alza, ha elevado también los precios en el mercado agroalimentario de futuros, todo lo cual nos lleva a tomar en cuenta tres grandes preocupaciones:

1. La incapacidad de retener a la población en el agro, así como de generar oferta de empleo no agropecuario tanto en el sector primario como en los otros, y provocar más salida de la fuerza laboral del país mediante la disminución del número de productores a la par que se incrementan las actividades urbanas. Esta población puede y debe ser aprovechada nacionalmente.

2. La reducción de la fertilidad del suelo, así como en muchos casos los rendimientos, como resultado de la devastación masiva de los recursos naturales y sus concomitantes incrementos en la deforestación, erosión, desertificación y la pérdida de tierras como efecto del cambio climático (además de la contaminación y la superexplotación de los mantos acuíferos).

3. La falta de una propuesta de industrialización dirigida al agro que permita la formación de capital físico adecuado para el distinto tipo de productor, y a la par la formación de capital monetario mediante el impulso al microfinanciamiento (Muñoz y Santoyo, 2004).

Además, por un lado, el predominio de las explotaciones parcelarias es un obstáculo para el modelo unimodal basado en grandes explotaciones y en la compactación del uso del suelo, por otro lado, se cuenta con una excesiva concentración de recursos.

La gobernabilidad de las "cadenas globales" Los Sociales de Agro-Industria Rural se relacionan con el mercado, más allá del ámbito territorial en el cual se desarrollan. Las cadenas agroalimenticias, incluso en los países de América Latina, han padecido desde hace unos veinte años, con el auge de los procesos de liberalización y de apertura comercial, un fuerte apremio por parte de los procesos de globalización. Uno de los componentes más destacados de tales procesos, lo constituye la estructuración de las llamadas "cadenas globales": los varios eslabones de dichas cadenas pueden distribuirse por todo el mundo, pero existe un eslabón "estratégico" cuyos activos otorgan a los que los vigilan el control de la cadena en términos de asimetrías informacionales o barreras a la entrada. Por lo tanto, el estudio de la gobernabilidad de las cadenas se enfoca sobre las relaciones de poder económico entre varios actores vinculados verticalmente en una cadena productiva radica en el control de la información y de los activos específicos relevantes por los actores de un determinado eslabón de la cadena (Requier y Desjardins, 2004).

Gereffi (1999), discrimina dos casos polares de cadenas globales:

a. las cadenas manejadas por los eslabones de arriba (producer's driven) en sectores cuyos activos estratégicos son la capacidad de innovación tecnológica a largo plazo en los procesos de producción, determinan las características técnicas de los productos (la industria automotriz es un ejemplo ideal-típico).

b. las cadenas manejadas por los eslabones de abajo (buyer's driven) en sectores cuyos activos estratégicos son la capacidad de mercadeo y de innovación en la imagen del producto final, la relación con el consumidor (la industria del tejido y de la confección es el ejemplo ideal típico).

El caso de las cadenas agro-alimentarias se avecina más al tipo "buyer's driven": cuentan con un dominio de los grande grupos transnacionales de la distribución que manejan supermercados y hipermercados, inclusive en los países de América Latina (Reardon y Berdegue, 2003). En el caso agroalimentario hay que destacar además la particularidad de una relación específica del consumidor con el producto "ingerido" Fischler (1993), dicha relación da un peso específico a la calidad biológica y simbólica del producto.

El desarrollo rural sustentable es el paradigma actual en el campo. En los países desarrollados, está dirigido a fomentar el cambio tecnológico y a expandir los mercados, mientras que en los nuestros, el principal objetivo es la lucha contra la pobreza y la reducción del deterioro de los recursos naturales. La importancia del desarrollo rural sustentable es crucial en el contexto del atraso, marginación, exclusión social y violencia rural que suelen acompañarse por altos índices de degradación ambiental persistentes en el campo mexicano, en donde habitan las dos terceras partes de los mexicanos en extrema pobreza (Boltvinik, 2005).

La globalización está asociada al propio desarrollo del sistema capitalista. Es un proceso normativo que se fortalece en la economía mundial actual, caracterizado por un incremento sustancial del capital transnacional en las economías de los países del orbe. Otra definición aproximada a la globalización es considerada como "un proceso objetivo con carácter histórico y obedece a la integración gradual de las economías y las sociedades impulsadas por las nuevas tecnologías, las nuevas relaciones económicas y las políticas nacionales e internacionales de una amplia gama de actores, con inclusión de los gobiernos, las organizaciones internacionales, las empresas, los trabajadores y la sociedad civil. Pueden verse variadas dimensiones con un alcance social importante que hacen referencia al impacto de este proceso en la vida y el trabajo de las personas, sus familias y sus sociedades (Méndez, 2006).

1.7 Alcances

- Presentar un producto que brinde solución integral de alimentación a los consumidores.
- Colaborar con el consejo estatal y municipal en la determinación de los mecanismos para promover y fomentar el desarrollo del capital social en el medio rural.
- Contribuir en el desarrollo tecnológico en el sistema de proceso de transformación de la calabaza de castilla.
- Presentar a las oficinas de desarrollo estatal una copia de la investigación para que lo incluyan al Programa Especial Concurrente 2007-2012.

1.8 Limitaciones

- Falta de conocimiento de usos alternativos de la pulpa de Calabaza de castilla por parte de los productores.
- Falta de apoyos y capacitación por instituciones gubernamentales.
- El tiempo y recurso para profundizar las investigaciones futuras del estudio.
- Las limitaciones de este estudio se refieren principalmente al estudio de una muestra no aleatoria, provocando como consecuencia: 1) imposibilidad de generalizar los resultados en los municipios examinados, 2) cautela al interpretar y utilizar los resultados de las pruebas de hipótesis, debido a que un supuesto fundamental es el análisis de una muestra aleatoria.

1.9 Resultados esperados

Con el desarrollo de análisis de la cadena producción–consumo se identificará las necesidades del sector primario hasta la oferta al consumidor final para definir claramente las estrategias regionales, para el desarrollo sustentable en Tlaxcala, a partir de la calabaza de Castilla, permitiendo a los sectores primario, terciario y consumidor final Tlaxcaltecas contribuir al bienestar económico y social.

CAPÍTULO 2

MARCO REFERENCIAL

2.1 Antecedentes del Estado de Tlaxcala

Tlaxcala (náhuatl: *Tlaxcallan*, "Lugar de la tortilla de maíz") es uno de los 31 Estados de México. En tiempos prehispánicos, Tlaxcala fue una de las naciones que logró mantener su independencia ante el Imperio Mexica. Hasta hoy sigue mostrando parte de su nacionalismo prehispánico. La ciudad colonial de Tlaxcala fue fundada sobre la prehispánica en 1520 por Hernán Cortés (Suárez de la Torre, 2000).

Figura 1. Región de estudio Fuente: INEGI, Marco Geoestadistico del Estado de Tlaxcala, 2005.

2.1.1 Localización, geografía y extensión

El Estado de Tlaxcala se localiza geográficamente en la región centro-oriental de la República Mexicana con una altitud media de

2,230 msnm, entre los 97°37′07′′ y los 98°42′51′′ de longitud oeste y los 19°05′43′′ y los 19°44′07′′ de latitud norte, situado en las tierras altas del eje neovolcánico, sobre la meseta de Anáhuac (Figura 1).

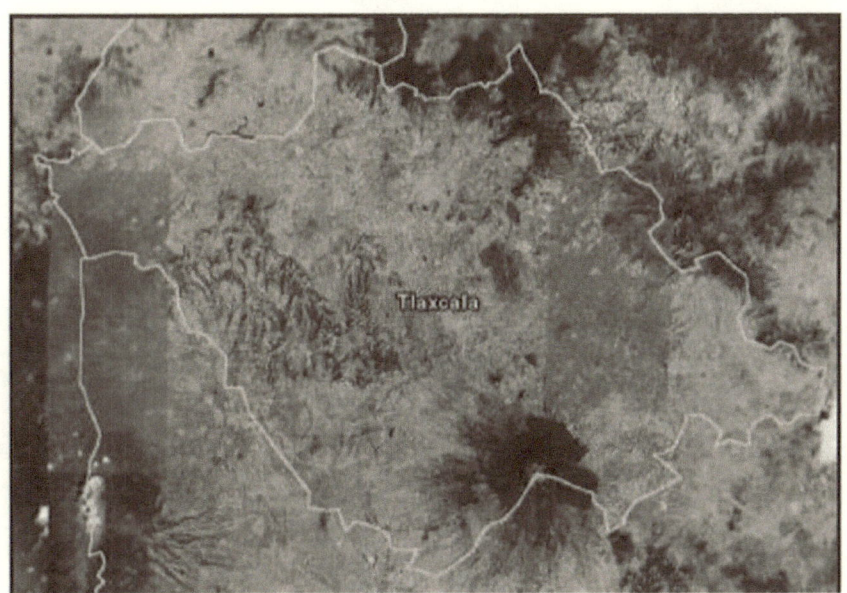

Figura 2. Localización geográfica Fuente: Vista Satelital del Estado de Tlaxcala (Google Earth), 2010.

El Estado de Tlaxcala, cuenta con una superficie de 4,060.93 Kilómetros cuadrados, lo cual representa el 0.2 por ciento del territorio nacional. Es la entidad federativa más pequeña, sólo mayor que el Distrito Federal. Está dividido en 6 distritos judiciales, 60 municipios, con 794 localidades (Comisión Nacional del Agua [CNA] 2000).

En cuanto a las regiones del Estado retomamos aquella elaborada por el programa de ordenamiento territorial para el Estado de Tlaxcala en 2005, (Tabla 2) donde se determinan seis regiones: Poniente, Norte, Oriente, Centro Norte, Centro Sur y Sur. En la región poniente se incorporan seis municipios, cuatro en la norte, siete en la región oriente, once en la región centro norte, catorce en la centro sur y dieciocho en la sur. Se muestra la delimitación de las regiones y los municipios que integran cada una de ellas (Figura 3).

Colinda al norte con los Estados de Hidalgo y Puebla, al este y sur con el Estado de Puebla, al oeste con los Estados de Puebla, México e Hidalgo, sus principales centros de consumo, y el puerto de Veracruz el más importante de México en materia de tránsito de mercancías, tanto de exportación como de importación (Figura 2).

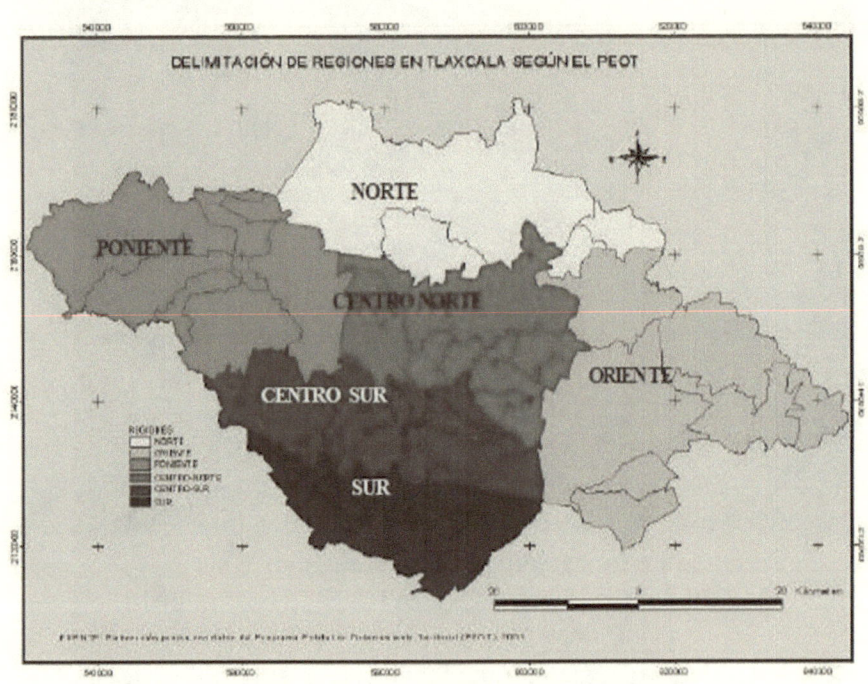

Figura 3. Delimitación de regiones en Tlaxcala
Fuente: Elaborado por Kenia Cuatecontzi Morales,
con datos del Economic and Social Research Institute
(ESRI),http://esri.ie/,2002.

Tabla 2. Delimitación de las regiones en Tlaxcala

Poniente	Norte	Oriente	Centro norte	Centro sur	Sur
Calpulalpan	Tlaxco	Huamantla	Apizaco	Tlaxcala	Zacatelco
Benito Juárez	Atlangatepec	Altzayanca	Cuaxomulco	Amaxac	Acuamanala
Españita	Emiliano Zapata	El Carmen Tequexquitla	Muñoz de D.A.	San Pablo A.	Mazatecochco
Hueyotlipan	Lázaro Cárdenas	Cuapiaxtla	San José Teacalco	Contla	Nativitas
Nanacamilpa		Ixtenco	San Lucas Tecopilco		
Santorum		Terrenate San Pablo	Tetla	Ixtacuixtla	S.J. Zacualpan
Zitlaltepec	Tocatlán	La Magdalena	S.J. Huatzingo		
			Tzompantepec	Panotla	Axocomanitla
Monte			Xalostoc	S.D. Texoloc	S. Pablo del
			Xaltocan	Sta. Ana Nopalucan	Sta. A. Teacalco
			Yauhquemecan	Sta. Cruz Tlaxcala	Sta. C. Quiletla
				Sta. I. Xiloxoxtla	Tenancingo
				Totolac	Teolocholco
					Tepetitla
					Tepeyanco
					Tetlatlahuca
					Xicohtzinco

Fuente: Elaboración propia de la investigación, 2009.

2.1.2 Municipio, población, índice de marginación, grado de marginación, lugar que ocupa en el contexto nacional

Se muestra el municipio, población total, (Tabla 3) índice de marginación, grado de marginación y lugar que ocupa en el contexto nacional de acuerdo con el INEGI (2005).

Tabla 3. Municipio, población, índice de marginación, grado de marginación, lugar que ocupa en el contexto nacional

Municipio	Población Total	Índice de Marginación	Grado de Marginación	Lugar que ocupa en el Contexto Nacional
Apizaco	73,097	-1.60461	Muy bajo	2,346
Calpulalpan	40,790	-1.02007	Bajo	2,048
El Carmen Tequexquitla	13,926	-0.37299	Medio	1,520
Cuapiaxtla	12,601	-0.45379	Medio	1,598
Chiautempan	63,300	-1.26325	Muy bajo	2,210
Españita	8,019	-0.09607	Medio	1,272
Huamantla	77,076	-0.78104	Bajo	1,860
Hueyotlipan	12,705	-0.35460	Medio	1,509
Ixtacuixtla de Mariano Matamoros	32,574	-0.81662	Bajo	1,892
Contla de Juan Cuamatzi	32,341	-0.73817	Bajo	1,827
Tepetitla de Lardizábal	16,368	-0.92405	Bajo	1,976
Nanacamilpa de Mariano Arista	15,672	-0.85964	Bajo	1,928
Nativitas	21,863	-0.58638	Medio	1,706
Panotla	22,368	-1.10382	Bajo	2,108
San Pablo del Monte	64,107	-0.78434	Bajo	1,863
Tetla de la Solidaridad	24,737	-0.89925	Bajo	1,957
Tlaxcala	83,748	-1.72729	Muy bajo	2,395
Tlaxco	36,506	-0.37739	Medio	1,524
Totolac	19,606	-1.40697	Muy bajo	2,282
Tzompantepec	12,571	-0.95360	Bajo	2,005
Xaloztoc	19,642	-0.73435	Bajo	1,823
Papalotla de Xicohténcatl	24,616	-1.23574	Muy bajo	2,189
Xicohtzinco	10,732	-1.46100	Muy bajo	2,305
Yauhquemecan	27,860	-1.18266	Bajo	2,156
Zacatelco	35,316	-1.26668	Muy bajo	2,212
La Magdalena Tlaltelulco	15,046	-0.92603	Bajo	1,978
San Damián Texoloc	4,480	-1.03933	Bajo	2,062
San Francisco Tetlanohcan	10,029	-0.82495	Bajo	1,901

Fuente: Estimaciones del CONAPO con base en el *II Conteo de Población y Vivienda 2005* y *Encuesta Nacional de Ocupación y Empleo 2005* (IV rimestre).

2.1.3 Orografía, hidrografía y clima

Su topografía es montañosa. Tiene grandes llanos, cortados por cañadas y barrancas, y altos volcanes como la Malintzin en la parte sur, que se eleva hasta alcanzar 4,640 metros sobre el nivel del mar. Tlaxcala se encuentra en la región del eje neovolcánico, que atraviesa como un cinturón la parte central de México, de oriente a poniente hasta alcanzar el mar por ambos lados. En el paisaje se distinguen volcanes y sierras volcánicas de todos tipos y tamaños, llanos extensos que una vez fueron lagos acorralados entre montañas y bosques, pastizales y matorrales de clima templado, mismo que predomina en Tlaxcala.

El Estado de Tlaxcala, por sus condiciones geográficas, se ubica en tres regiones hidrológicas: Cuenca del Río Balsas, Río Atoyac (78.76 %), Cuenca del Río Pánuco, Río Moctezuma (18.21 %) y Cuenca de Tuxpan- Nautla, Río Tecolutla (3.03 %). El principal río del Estado de Tlaxcala es el Zahuapan, cuerpo de agua que recorre de norte a sur, pasando por el centro del Estado y se une al Río Atoyac.

El 99.2 % de la superficie del Estado presenta clima templado subhúmedo, el 0.6 % presenta clima seco y semiseco, localizado hacia la región este y el restante 0.2 % presenta clima frío, localizado en la cumbre de La Malinche. La temperatura media anual es de 14°C, la temperatura máxima promedio es alrededor de 25°C y se presenta en los meses de abril y mayo, la temperatura mínima promedio es de 1.5°C y se presenta en el mes de enero. La precipitación media estatal es de 720 mm anuales, las lluvias se presentan en verano en los meses de junio a septiembre (CNA, 2000).

Se muestra la precipitación media anual en el Estado de Tlaxcala (1966-2004). Según Aveldaño (1979), alrededor de 92 % de la precipitación en el Estado cae en el período abril a octubre (Figura 4).

48

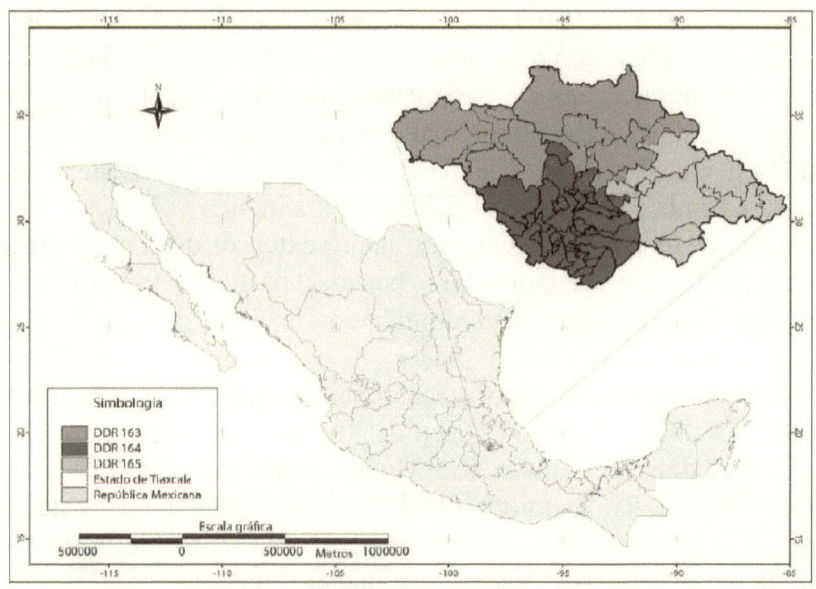

Figura 4. Precipitación media anual en el Estado de
Tlaxcala FUENTE: INEGI. Marco Geoestadistico
Municipal 2005.

2.1.4 Agricultura

En el Estado de Tlaxcala la agricultura que se practica en su mayoría
es de temporal, el clima templado subhúmedo de la región favorece
el desarrollo de diversos cultivos como, maíz, haba, frijol, calabaza,
tomate, lechuga, espinaca, amaranto, alfalfa, ajo, cebolla, col, entre otros.
La rotación de cultivos permite contener más humedad y nutrientes y
mejora el control de plagas y enfermedades. Sin embargo, el Estado
de Tlaxcala, con respecto a la agricultura, comprende el 59.3 % de la
superficie estatal. Ésta se practica en dos modalidades: agricultura de
temporal y agricultura de riego. La primera ocupa la mayor área agrícola
con un 89 % de la superficie total sembrada. La agricultura de riego
abarca el 11 % restante. La agricultura de riego se concentra en varias
regiones, principalmente al suroeste del Estado, en colindancia con el
Estado de Puebla, en los municipios de Ixtacuixtla de M. Matamoros,
Santa Ana Nopalucan, Nativitas, Santa Apolonia Teacalco, Tetlatlauca,
San Damián Texoloc, Panotla y Tlaxcala, también existen áreas de
regadío hacia la porción norte y noreste del estado, en los municipios
de Sanctórum de Lázaro Cárdenas, Benito Juárez, Tlaxco, Hueyotlipan,

Muñoz de Domingo Arenas, Lázaro Cárdenas y Atlangatepec y hacia el oriente de la entidad, en los municipios de Huamantla, Ixtenco, Zitlaltepec de Trinidad Sánchez Santos y Cuapiaxtla (Secretaría de Medio Ambiente, Recursos Naturales y Pesca [SEMARNAP] 2008).

2.1.5 Principales hortalizas que se cultivan en Tlaxcala

Para este ciclo agrícola 2008, autoridades de la Secretaría de Agricultura, Ganadería, Desarrollo Rural, Pesca y Alimentación (SAGARPA) prevé que el número de hectáreas de siembra para hortalizas aumente aproximadamente a cuatro mil, por lo tanto, se espera una cosecha de más de 35 mil toneladas.

El año pasado, durante el ciclo agrícola 2007, fueron sembradas tres mil 781 hectáreas arrojando una producción de 35 mil 38 toneladas de 20 tipos de hortalizas, reveló el subdelegado agropecuario de la dependencia, Ángel Hernández Olvera.

A diferencia del ciclo agrícola 2006, el año anterior la producción de hortalizas sufrió un descenso de 674.74 toneladas, lo que representó que 165 hectáreas no fueron cultivadas, el precio de algunas hortalizas sufriera incrementos ante la demanda del consumidor y escaseara el producto. En el ciclo 2007 y 2008, el haba, la calabaza, el tomate, la col, el cilantro, la coliflor y el brócoli (Tabla 4) representaron un repunte en el número de hectáreas cosechadas y en la producción final en comparación con la siembra de 2006.

Tabla 4. Concentrado Estatal de siembra

Año	2006		2007		2008	
Hortaliza	Hectáreas cosechadas	Total producción	Hectáreas cosechadas	Total producción	Hectáreas cosechadas	Total producción
Haba	778	3,597.40	804	4,403.90	791	4,000.65
Epazote	29	261.00	29	261.00	29	261.00
Calabaza	771	540.40	806	329.66	840.00	435.03
Cebolla	51	1,147.50	51	1,147.50	51	1,147.50
Tomate	718	10,446.50	962	10,886.50	840	10,666.50
Col	49	1,460.00	52	1,520.00	50.5	1,490.00
Acelga	54	496.80	54	496.80	54	496.80
Cilantro	130	546.00	143	892.00	136.5	719.00
Espinaca	88	2,640.00	88	2,640.00	88	2,640.00
Lechuga	207	5,256.00	186	4,600.00	196.5	4,928.00
Calabacita	9	67.50	9	67.50	9	67.50
Zanahoria	56	1,744.00	51	1,584.00	53.5	1,664.00
Chícharo	756	3,500.00	290	898.00	523	2,199.00
Chile verde	4	32.00	4	32.00	4	32.00
Betabel	5	110.00	5	110.00	5	110.00
Perejil	11	198.00	11	198.00	11	198.00
Coliflor	21	292.00	24	396.00	22.5	344.00
Brócoli	197	3,303.50	203	4,385.50	200	3,844.50
Ajo	3	4.50	0	0	1.5	2.25
Rábano	7	56.00	7	56.00	7	56.00
Jitomate	2	14.00	2	134.00	12	276.00
TOTAL	3,946	35,713.10	3,781	35,038.36	3,873.5	35,577.73

Fuente: (Secretaria de Medio Ambiente, Recursos Naturales y Pesca [SEMARNAP] 2008).

2.1.6 Clasificación de los grupos de alimentos en Tlaxcala

De los alimentos que existen en el mundo, es importante señalar que ninguno contiene todas las sustancias que el cuerpo necesita, por lo tanto, si se desea obtener el mayor provecho de ellos, se deben seleccionar para elaborar una dieta recomendable. Para facilitar esta selección los alimentos se han clasificado en tres grupos, de acuerdo con su contenido mayoritario de las sustancias nutricias.

En el primer grupo, (Tabla 5) la contribución principal es la energía o fuerza esencial para la actividad física que gastamos cuando trabajamos, estudiamos, jugamos, y para llevar a cabo todas las funciones o trabajo interno del organismo como, los latidos del corazón y el movimiento de los pulmones cuando respiramos, entre otras.

Dentro de este grupo que aporta energía debemos considerar los azúcares (miel, azúcar, piloncillo) y las grasas (margarina, aceites, manteca, entre otras), se recomienda no consumir en exceso estos alimentos pues causarían daños a la salud como caries (dientes picados) y aumento de peso.

Tabla 5. Alimentos del primer grupo que dan energía, más comunes en Tlaxcala

Cereales	Tubérculos
Maíz y derivados	Camote
Atole	Papa
Chileatole	
Esquites	Grasas
Tlacoyos	Aceite vegetal
Tlaxcalis	Crema
Tortillas	Manteca
Amaranto	Mantequilla
	Azúcares
Trigo y derivados	Azúcar de caña
Atole	Dulces Jaleas
Buñuelos	Mermeladas
Galletas	Miel de abeja
Pan	Miel de maguey
Pastas para sopas	Panela
Tortillas	Refrescos
Avena	
Hojuelas	

Fuente: Elaborado por el Instituto Nacional para la Educación de los Adultos; 1995

El segundo grupo, (Tabla 6) de alimentos, proporciona los nutrimentos llamados proteínas, las cuales tienen la función de formar y reparar los tejidos de nuestro organismo, sobre todo cuando estamos creciendo y desarrollándonos, también forman sustancias que defienden al cuerpo contra enfermedades.

Dentro de este grupo de alimentos se distinguen dos subgrupos: los que proporcionan proteínas de origen vegetal, entre ellos las semillas de las leguminosas que crecen en vainas como el frijol, las lentejas, el garbanzo, la soya, el haba, el amaranto y otras como el cacahuate, la nuez, el ajonjolí, el girasol, la calabaza, por mencionar algunos. Estos alimentos contienen, además vitaminas y nutrimentos inorgánicos.

Los alimentos que proporcionan proteínas de origen animal incluyen: la leche y sus derivados, los huevos, la carne de todo tipo de animales, las aves: codorniz, pollo, paloma, guajolote, pato, los mamíferos: res, cerdo, borregos, conejo. También algunos insectos, como los chapulines y meocuiles. Animales acuáticos como: mojarras, carpas, charales, ajolotes, acociles, entre otros. Estos alimentos igualmente contienen importantes minerales.

Tabla 6. Alimentos del segundo grupo que dan proteínas, más comunes en el Estado de Tlaxcala

Leguminosas	
Alubias	Garbanzo
Alberjón	Haba
Frijol	Lenteja
Alimentos de origen animal	
Pescado y Mariscos	Bovinos, ovinos, porcinos y derivados
Acocil	Carne de cerdo fresca
Ajolote	Carne de res fresca
Carpa	Carne de borrego fresca
Mojarras	Cabeza de res
Sardinas	Cabeza de borrego
Truchas	Cabeza de puerco
Aves	Chicharrón
Codorniz	Chorizo
Gallina	Jamón
Guajolote(Pavo)	Longaniza
Pollo	Moronga
Vísceras(corazón	Patas de cerdo
Mollejas, Hígado)	Patas de res
Huevos	Queso de puerco
Huevo de gallina	Seso de res
Huevo de guajolote	Vísceras (Hígado, Lengua, Panza, Riñones)
Leche y Derivados	Otros Conejo
Leche fresca de vaca	Hormiga (Escamoles)
Queso amarillo	Chapulines
Queso añejo	Gusano de maguey
Requesón	(Chinícuil, meocuil)

Fuente: Elaborado por el Instituto Nacional para la Educación de los Adultos; 1995

El tercer grupo, (Tabla 7) lo constituyen todos aquellos alimentos, como las frutas y las verduras. Éstas proporcionan, en especial, vitaminas y nutrimentos inorgánicos. Las características más importantes de las frutas y verduras son su alto contenido de agua, fibras vegetales, cantidades variables de vitaminas y sales minerales, tienen menos proteínas que las leguminosas y menos hidratos de carbono que los cereales.

Por lo común, se consideran frutas solamente las dulces y se dejan a un lado a otras como el chayote, que se incluye en el grupo de las verduras. La manera más práctica de clasificar las verduras es por su color y propiedades nutricias: las de color verde oscuro contienen, principalmente minerales y en menor proporción vitaminas, las que van del amarillo al rojo tienen mayor proporción de vitaminas, y algunas como los chícharos o los garbanzos contienen sobre todo hidratos de carbono. De ellas, son aprovechables en la alimentación sus diferentes partes: en algunos casos las hojas, como en la lechuga, la espinaca y la col, en otras, los tallos, como en el apio, las flores, como en el brócoli y la coliflor, las raíces o bulbos, como en las zanahorias, los rábanos, las cebollas, y los frutos como en el plátano o la manzana.

Las frutas constituyen una parte muy importante de la alimentación diaria, ya que aparte de su contenido en fibra vegetal, vitaminas y sales minerales, son necesarias para conservar el buen estado de la dentadura, la piel y el aparato digestivo. Los alimentos del tercer grupo se clasifican en: frutas cítricas (limón, naranja, toronja), frutas de pulpa (durazno, pera, manzana, fresa) y verduras (calabacitas, jitomates).

Tabla 7. Alimentos del tercer grupo, más comunes en Tlaxcala

FRUTAS	VERDURAS
Aguacate, Capulín, Ciruela, Durazno, Guayaba, Higo, Limón, Manzana, Pera, Tejocote, Tuna, Zapote	Acelgas, Apio, Calabaza, Cebolla, Cilantro, Col, Coliflor, Chile(distintas variedades), Ejote, Espinacas, Flor de calabaza, Hongos, Nopales, Rábanos, Romeritos, Zanahorias

Fuente: Elaborado por el Instituto Nacional para la Educación de los Adultos; 1995

2.1.7 Distritos de desarrollo rural sustentable

El Estado de Tlaxcala se encuentra dividido (Figura 5) en tres distritos, el 163, con sede en Calpulalpan, cuenta con 11 municipios y concentra el 43 % del área cultivable; el 164, situado en la ciudad de Tlaxcala, abarca 36 municipios y ocupa el 26.7 % del área sembrada, y el 165, ubicado en Huamantla, incluye 13 municipios y el 30.3 % del área agrícola (Secretaria de Agricultura, ganadería, desarrollo rural, pesca y alimentación [SAGARPA], 2004).

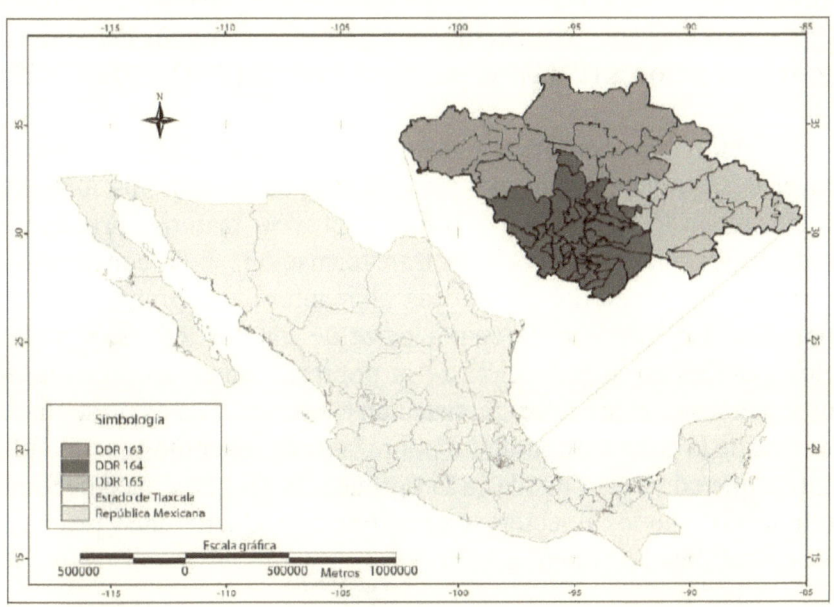

Figura 5. Ubicación Geográfica del Estado de Tlaxcala y Distritos de Desarrollo Rural. Fuente: Elaborado por Kenia Cuatecontzi Morales, con datos del Economic and Social Research Institute(ESRI), http:// www.esri. ie/,2002.

2.2 Plan Nacional de Desarrollo 2007-2012

El Plan Nacional de Desarrollo 2007-2012 establece una estrategia clara y viable para avanzar en la transformación de México sobre bases sólidas, realistas y, sobre todo, responsables. La elaboración de este Plan estuvo sustentado en gran medida en la perspectiva del futuro que queremos los mexicanos a la vuelta de 23 años, de acuerdo con lo establecido en el proyecto Visión México 2030. Los objetivos nacionales, las estrategias generales y las prioridades de desarrollo plasmados en este Plan han sido diseñados de manera congruente con las propuestas vertidas en el ejercicio de prospectiva. Pretende fomentar un cambio de actitud frente al porvenir y detonar un ejercicio de planeación y prospectiva que amplíe nuestros horizontes de desarrollo. Se trata de un referente, una guía, un anhelo compartido y a la vez un punto de partida para alcanzar el desarrollo integral de la nación. Existe el firme propósito de que los logros alcanzados por los mexicanos en los próximos seis años nos acerquen al país que queremos heredar a las nuevas generaciones (Plan nacional de desarrollo [PND], 2007-2012).

El Sector Agropecuario y Pesquero es estratégico y prioritario para el desarrollo del país porque, además de ofrecer los alimentos que consumen las familias mexicanas y proveer materias primas para las industrias manufacturera y de transformación, se ha convertido en un importante generador de divisas al mantener un gran dinamismo exportador. En éste vive la cuarta parte de los mexicanos, y a pesar de los avances en la reducción de la pobreza alimentaria durante los años recientes en este sector, persiste aún esta condición en un segmento relevante de la población rural. La pobreza rural, así como la cantidad de familias que continúan ligadas a la producción primaria hace necesario continuar con apoyos al sector para mejorar su productividad y promueva su sustentabilidad (Ibídem, p.113).

El deterioro de suelos y aguas utilizados en las actividades agropecuarias y pesqueras continúa. Cada año se pierden alrededor de 260 mil hectáreas de bosque, las principales cuencas hidrológicas están contaminadas y la erosión hídrica y eólica afecta con los suelos fértiles. Al comparar el período 2000-2004, con respecto a 1990-1994, el total de tierras con potencial productivo registró una caída de 1.9 millones de hectáreas. El 67.7 % de la superficie con potencial productivo presenta algún grado de degradación (química, eólica, hídrica o física), mientras que los mantos acuíferos muestran sobreexplotación o intrusión salina (sobre todo noroeste, norte y centro) y la mayor parte de cuerpos de agua superficiales reciben descargas residuales. La compleja problemática descrita implica que resolver la situación en la producción primaria requiere de medidas estructurales importantes y de procesos que permitan focalizar los recursos que llegan al campo (Ibídem, p.114).

2.3 Nuevo programa especial concurrente para el desarrollo rural sustentable 2007-2012

El Programa Especial Concurrente para el Desarrollo Rural Sustentable, PEC, contiene la Política de Desarrollo Rural que se aplicará en la presente Administración de Gobierno,

2007-2012, en congruencia con los objetivos y estrategias nacionales definidas en los cinco ejes rectores del Plan Nacional de Desarrollo. En él se establece una estrategia clara y viable para avanzar en la transformación del medio rural de nuestro país sobre bases sólidas, realistas y, sobre todo, responsables, para contribuir a los objetivos de una economía competitiva y generadora de empleos, de igualdad de oportunidades, de estado de derecho y seguridad y de sustentabilidad ambiental.

Mediante este programa se pretende fomentar acciones para iniciar un nuevo ciclo de planeación y prospectiva que permitan un desarrollo integral con visión de largo plazo, tomando como premisa básica el Desarrollo Humano Sustentable de los habitantes del medio rural como detonador de las transformaciones requeridas para superar sus rezagos económicos, políticos y sociales. Para el Gobierno de la República, es fundamental tomar decisiones valorando no sólo la situación actual de los habitantes del medio rural y de sus recursos, sino de una valoración del futuro y de las condiciones a las que aspiran sus habitantes para afrontar con éxito el porvenir, para ello la Comisión Intersecretarial para el Desarrollo Rural Sustentable (CIDRS) realizó una serie de Foros de Consulta en toda la República, contando con la participación entusiasta, abierta y plural de la sociedad rural.

El presente y el futuro del campo mexicano no es sólo responsabilidad de las personas que viven en las áreas rurales. El espacio geográfico y los recursos naturales de él son patrimonio nacional. El Programa Especial Concurrente, aquí presentado, constituye un esfuerzo intersecretarial que supera el ámbito sectorial. Su operación representa un desafío para lograr la concurrencia de 17 dependencias del Ejecutivo Federal a cargo de programas, acciones y recursos con incidencia en el medio rural.

Hoy más que nunca, los mexicanos tenemos plena conciencia de la importancia de los territorios rurales, porque en ellos se producen la mayoría de los alimentos que se consumen en el país. En el sector rural como territorio se origina, prácticamente todas las materias primas de origen biológico dando soporte a la industria de los alimentos. Es el medio rural donde se encuentran los recursos naturales del país, el abastecimiento de agua y el suelo. Asimismo, en las áreas rurales de México vive el 25 por ciento de los mexicanos que contribuyen con su fuerza de trabajo al sostén de muchas otras actividades productivas y de servicios.

En cumplimiento con lo dispuesto en el Artículo 14 de la Ley de Desarrollo Rural Sustentable, así como por lo previsto en los Artículos 4 y 20 de la Ley de Planeación, el Gobierno Federal presenta el Programa Especial Concurrente para el Desarrollo Rural Sustentable que habrá de regir nuestras acciones en los próximos seis años. Este Programa es resultado de un auténtico proceso de deliberación, democrático, plural e incluyente, que recoge las inquietudes y necesidades de la sociedad rural (Programa Especial Concurrente [PEC], 2007-2012).

El ámbito rural cuenta con importantes recursos naturales: tierra, costas, minerales, agua, clima y una gran biodiversidad. Las posibilidades de generación de riqueza son importantes como lo demuestran algunos ejemplos de explotaciones rurales muy competitivas y comunidades cohesionadas y prósperas. Sin embargo, para que esta generación aflore en todo el territorio nacional se requiere de condiciones básicas como son: paz en el campo, certeza jurídica en la tenencia de la tierra, pertinencia cultural en las acciones dirigidas a población indígena, reducción de la brecha entre regiones y abatimiento de la pobreza. La vertiente agraria del Nuevo PEC se enfoca en la búsqueda del desarrollo social y económico de los ejidos y comunidades agrarias, manteniendo una situación jurídica única y diferente al régimen de propiedad privada, producto de una tradición legítima e histórica.

La búsqueda de un mayor bienestar económico es el factor principal que determina la migración de la población de zonas rurales, esto provoca efectos negativos como pérdida de capital humano, ruptura del tejido social y abandono de las actividades agropecuarias, entre otros. Una política agraria que facilite a la población rural el acceso a mejores oportunidades para progresar en sus propias localidades de origen, ampliará el rango de libertad para tomar las decisiones necesarias entre migrar o quedarse en su lugar de origen y alcanzar un mayor bienestar económico personal y familiar. La constitución de empresas rentables en los Núcleos Agrarios, además de proveer ingreso a las familias y atenuar el fenómeno de la migración, dinamiza a las localidades, agilizando la provisión de infraestructura y servicios provocando en consecuencia desarrollo territorial (Ibídem, p.117).

2.4 Plan estatal de desarrollo de Tlaxcala 2005-2011

Concebido como un eje rector de las acciones de gobierno, el apoyo al campo describe las estrategias y líneas de acción que se aplicarán para atender a los trabajadores del sector con menos oportunidades y a la población asentada en localidades rurales dedicadas a las actividades primarias. Definidas con la mayor prioridad, las acciones de apoyo al campo se sustentarán en un Programa Estratégico de Desarrollo Rural. En éste se promoverá la participación de toda la sociedad, de los productores del campo, de sus organizaciones y de las instancias de gobierno establecidas para contribuir al desarrollo rural y sectorial, del sector financiero, de las empresas privadas consumidoras de insumos procedentes de este sector, de los proveedores de bienes e insumos agropecuarios, de los profesionistas y técnicos y de sus despachos para el desarrollo rural.

Para apoyar al campo se partirá de una estrategia que una los esfuerzos y genere las sinergias para ofrecer nuevas alternativas en lo concerniente a la reconversión productiva, la integración de cadenas productivas y contacto directo con el mercado. El Gobierno del Estado ratifica el compromiso de mantener interlocución con todas las organizaciones campesinas de Tlaxcala, sin importar su orientación política. El Ejecutivo Estatal garantizará la apertura y promoverá los espacios que contribuyan al mejoramiento de la capacidad productiva y del bienestar de los tlaxcaltecas dedicados a las tareas del campo (Plan nacional de desarrollo [PND], 2005-2011).

2.5 La calabaza de castilla

La calabaza es un patrimonio alimentario presente en todo el mundo. Todas las variedades son de la familia de las cucurbitáceas. La criolla, de forma alargada, conocida por nosotros como calabacita italiana, en Europa se llama calabacín. La calabacita redonda que se sirve rellena, en platillos salados. En cambio, la calabaza de Castilla y el chilacayote son más apreciados para platillos dulces (Yuri de Gortari, 2005).

Es buena fuente de fibras solubles que ofrece valor de saciedad y mejora el tránsito intestinal por la alta presencia de mucílagos. Éstos son fibra soluble con la capacidad de suavizar las mucosas del tracto gastrointestinal es aconsejable su uso en casos de obesidad y estreñimiento (Casper, 2001).

2.5.1 Contexto nacional

La calabaza de castilla es parte de la tetralogía alimentaría de México, junto con el maíz, el frijol y el chile. Su presencia en la milpa, concepto básico de la producción agrícola desde la época prehispánica, guarda un papel estratégico: es una planta rastrera, de hojas muy anchas y resistentes, y mantiene la humedad del suelo. Su aprovechamiento es inmediato, ya que desde las primeras lluvias se aprovechan sus guías, y con sus flores se preparan platillos, advierte Marco Buenrostro y Cristina Barros en la Cocina prehispánica colonial.

Vicente Riva Palacio, en México a través de los siglos, refiere acerca del comentario de un misionero jesuita sobre los frutos que recogían los indios nahuas "no eran más que maíz calabacitas y frijoles."

La ayotli, calabaza en náhuatl, es originaria de América y pertenece al género cucurbita, agrupa a todas las series conocidas: calabaza criolla, italiana y de Castilla, así como el cayote y el chilacayote.

2.5.2 Contexto estatal

En el Estado de Tlaxcala se observa (Tabla 8) como el municipio de Ixtacuixtla y Cuapiaxtla son los líderes de producción estatal en la producción de calabaza. La mayor parte de la superficie estatal, está dedicada a las labores agrícolas. Sin embargo, Tlaxcala cuenta con 10 municipios con producción de calabaza.

Tabla 8. Superficie sembrada, por hectárea de la producción agrícola en Tlaxcala

Municipio	Superficie sembrada (Hectáreas) 2001/04	Superficie sembrada (Hectáreas) 2004/05	Superficie sembrada (Hectáreas) 2005/06	Superficie sembrada (Hectáreas) 2006/07	Superficie sembrada (Hectáreas) 2007/08
Ixtenco		28.00	30.00	34.00	34.00
Españita		80.00	85.00	88.00	90.00
Calpulalpan		60.00	68.00	73.00	75.00
Huamantla		70.00	77.00	79.00	59.50
Ixtacuixtla		125.00	135.00	138.00	138.00
Altzayanca	324.00	70.00	72.00	76.00	76.00
Cuapiaxtla		125.00	139.00	142.00	142.00
Tepetitla		75.00	81.00	84.00	75.00
Nativitas		50.00	65.00	70.00	74.00
Zitlaltepec		28.00	18.00	22.00	25.00
Total	324.00	711.00	770.00	806.00	788.5

Fuente: COPLADET Dirección de Informática y Estadística. Unidad de Estadística datos proporcionados por: Secretaría de Agricultura, Ganadería, Desarrollo Rural, Pesca y Alimentación Delegación en el Estado.

2.5.3 Características y propiedades de la calabaza de castilla

La calabaza es una hortaliza fácil de digerir. Atraviesa el tubo digestivo sin dejar residuos tóxicos. Posee virtudes laxantes y diuréticas, haciéndola un verdadero alimento desintoxicante.

El componente principal de la calabaza (Tabla 9) es el agua, y unido a su bajo contenido en hidratos de carbono y a su casi inapreciable cantidad de grasa, hace que sea un alimento con un escaso aporte calórico, proporcionando solamente 50 calorías por 100 gramos.

En relación con las vitaminas, la calabaza es rica en beta-caroteno o pro vitamina A y vitamina C. Presenta cantidades apreciables de vitamina E, folatos y otras vitaminas del grupo B tales como la B1, B2, B3 y B6. La vitamina A es esencial para la visión, el buen estado de la piel, el cabello, las mucosas, los huesos y para el buen funcionamiento del sistema inmunológico, además de tener propiedades antioxidantes (Chávez, 1991).

La vitamina C se encuentra en cantidades apreciables, con 100 gramos de calabaza se cubre el 20 % de las ingestas diarias recomendadas, interviene en la formación de colágeno, glóbulos rojos, huesos y dientes. También favorece la absorción del hierro de los alimentos y aumenta la resistencia frente a las infecciones.   En cuanto a su riqueza mineral, la calabaza es un alimento rico en Potasio. También contiene otros minerales como Fósforo y Magnesio, pero en menores cantidades. El Potasio es un mineral necesario para la transmisión y generación del impulso nervioso y para la actividad muscular normal, además de intervenir en el equilibrio de agua dentro y fuera de la célula (Olmedilla, 2001).

La calabaza goza de excelentes propiedades terapéuticas en las enfermedades agudas del aparato digestivo, especialmente en la inflamación de los intestinos, en la fiebre tifoidea y en la disentería (FAO, 1989).

Para calmar los dolores de cabeza se aplica tajadas de calabaza cruda en la frente, varias veces. Contra las mordeduras de los perros y otros en ponzoñosos, se usa cataplasmas tibias de calabaza rallada o molida (García, 2006).

La pulpa se destaca por su efecto diurético, suavizando y protegiendo la mucosa del estómago, indicado su consumo en forma de crema en casos de acidez estomacal, gastritis, mala digestión y úlcera gastroduodenal. También favorece a la cicatrización de la piel por quemaduras.

Tabla 9. Composición bromatológica y nutrimental de la calabaza de Castilla (100g)

Descripción	Cantidad
Agua	939g
Celulosa	0.9 g
Carbohidratos	4.8 g
Grasa	0.1 g
Proteína	0.8 g
Ceniza	0.4 g
Potasio	0.243
Sodio	0.026
Calcio	0.022
Magnesio	0.010
Hierro	0.003
Fósforo	0.060
Azufre	0.009
Cloro	0.0001
Retinol (vit A)	1.740
UI Ácido ascórbico (vit C)	15 mg.
Tiamina (B1)	0.53 mg.
Riboflavina (B2)	0.077 mg.
PP (Ácido pantotenico)	0.540 mg

Fuente: Mundo recetas (2006) Información Nutrimental de Pulpa de Calabaza Deshidratada

64

Información Nutrimenta

Pulpa de Calabaza	Tam año de Porción: 100g	
Porciones por empaque: POR DEFINIR		
Conte nido e ne rgé tico		
por Porción	1 285,4 kJ	(302,6 kcal)
Prote ínas		3,4 g
Gras as (Lí pido s)		2,6 g
Carbohidratos (H idra t o s de C a rbo no)		66,4 g
de los cuale s:		
Fibra die té tica		9,3 g
Sodio		200 mg

Los valore s de la Inge s ta Diaria Re com e ndada e s tán bas ados e n lo e s table cido e n la NOM -051-SCFI-1994.

Fuente: Laboratorio de control de calidad UDLA-P, 2009.

2.5.4 Usos y aplicaciones de la calabaza de castilla

Los beneficios de la calabaza de Castilla (Tabla 10) se conocen desde tiempos remotos, algunos historiadores comentan que los romanos se servían de la calabaza, mezclada con miel, para ayudar a digerir las abundantes carnes consumidas en sus festines, pero también le han dado otros usos menos culinarios, muchos de los norteamericanos únicamente la usan como farolito o máscara en la fiesta de Halloween.

Sin embargo, hoy día se conocen los beneficios medicinales de la calabaza, la peculiar composición de su pulpa la hace uno de los mejores alimentos que se puede tomar para favorecer la salud de nuestras arterias, entre otras muchas aplicaciones.

Estos son algunos otros beneficios que en la salud, se procura su consumo:

- Estimula la función del páncreas, ayudando a regular los niveles de azúcar en la sangre.

- Colabora en la eliminación de mucosidades en los pulmones, bronquios y garganta.
- Ayuda a fortalecer el sistema inmunitario por su riqueza en antioxidantes.
- Su zumo es laxante y un buen desintoxicante del cuerpo. Las semillas crudas tienen además propiedades antihelmínticas.
- Su elevado contenido en beta caroteno y alfa caroteno, disminuye el riesgo frente al cáncer de próstata y enfermedades cardiacas.
- Coadyuvante en el tratamiento de las cataratas, ya que esos pacientes suelen presentar bajos niveles de beta y alfa carotenos.

Además de ser un ingrediente muy adecuado para múltiples recetas culinarias (en ocasiones, se utiliza en lugar de la zanahoria), puede emplearse también en la elaboración de postres dulces (horneada y endulzada con miel o combinada con otras frutas tipo macedonia, en la elaboración de productos de repostería y confitería, entre otros).

Las semillas no se quedan atrás en prodigarnos beneficios. La grasa de las semillas de calabaza se encuentra entre las grasas vegetales más beneficiosas para el organismo: aproximadamente el 80 % constituye el ácido insaturado, el 50-60 % de ello es ácido linoleico (poliinsaturado). Los ácidos grasos insaturados contenidos en alto porcentaje en las semillas son esenciales para el organismo y representan un complemento importante de una alimentación integral. Agentes imprescindibles de la producción de vitamina D, hormonas y la pared celular, estos ácidos grasos deben ingerirse periódicamente. Influyen considerablemente en la función de las vías de transporte del cuerpo y favorecen las reacciones enzimáticas e inmunes de las células. Gracias a la combinación propicia de ácidos grasos, la grasa de las semillas de calabaza es fácil de digerir. Siendo las fitosterinas contenidas en la grasa de las semillas por su forma y cantidad más favorables, comparadas con otras grasas vegetales, las semillas son reconocidas como remedio infalible para el tratamiento de la próstata. Asimismo, sus semillas concentran aceite insaturado, estimulando al corazón para que cumpla su función, controlando el colesterol malo (Mariela Vargas O, 2003).

Tabla 10. Usos medicinales tradicionales de las especies cultivadas de cucurbita en diversas regiones del mundo

País o región	Especies	Parte	Uso o propiedades
Brasil	C. Moschata	Fruto	Diurético
		Semilla	Tenífugo y vermífugo
China	C. Moschata	Raíz	Dolores de dientes
		Flor	Tónico estomacal
		Semilla	Antihelmíntico, vermífugo y curación de hemorroides y anemia
	C. Pepo	Fruto	Tratamiento de asma bronquial
Colombia	C. máxima	Semilla	Vermífugo
	C. moschata	Raíz	Febrífugo
Jamaica	C. moschata y C. pepo	Semilla	Diurético
Península de Yucatán	C. argyrosperma	Raíz	Curación de mordedura de serpiente y enfermedades de la piel
		Hojas	Jugo para curar granos, erupciones de la piel
	C. moschata	Flores	
		Frutos	Estimulantes del apetito Resina o jugo de la cáscara y pulpa para curar quemaduras y llagas. El fruto de C. moschata se considera pectoral, refrescante y útil en la curación de enfermedades del cuero cabelludo
		Semillas	Antihelmíntico, tenífugo, vermífugo, galactógeno y el aceite para curar hemorroides y heridas
México	C. moschata y C. pepo	Semilla	Antihelmíntico
Venezuela	C. moschata y C. pepo	Semilla	Fiebres eruptivas y el aceite para úlceras

Fuente: Lira, R. 1988. Cucurbitácea de la Península de Yucatán: Taxonomía y Etnobotánica: Tesis de M. en C. (Ecología y Recursos Bióticos, Instituto Nacional de Investigaciones Sobre Recursos Bióticos.

2.6 Temporada de producción agrícola en Tlaxcala

El siguiente calendario presenta, (Tabla 11) una ordenación aproximada de las temporadas y los principales productos que en ella se pueden conseguir en el mercado estatal. Este cuadro incluye solamente productos del suelo tlaxcalteca, y se refiere a las temporadas de cosechas. Sin embargo, debe aclararse que el mercado estatal ofrece éstos y otros productos durante gran parte del año, pero en su mayoría esa oferta proviene de otras entidades donde existe agricultura de riego, pues la tlaxcalteca es de temporal.

Uno de los productos más cultivado en Tlaxcala es el frijol, sembrando por el mes de marzo asociado al maíz. Su época cambia según la variedad, el ciclo biológico de algunos es de tres meses, otros hasta cinco meses, por tanto, unos se cosechan en junio y otros en agosto. Otra leguminosa muy populares el haba, se siembra en dos temporadas. La primera se cosecha en el mes de mayo, la segunda en octubre. El cilantro, zanahoria, chícharo, perejil, lechuga, col, coliflor pueden ser hortalizas de siembra directa, o bien sembrarlas y después trasplantarlas a terreno definitivo para su cultivo.

Tabla 11. Productos de temporada agrícola en Tlaxcala

PRODUCTO	ENE	FEB	MAR	ABR	MAY	JUN	JUL	AGO	SEP	OCT	NOV	DIC
Maíz										X		
Frijol												
(Según variedad)						X		X				
Calabaza										X	X	
Haba												
Primera siembra					X							
Segunda siembra										X		
Papa										X		
Trigo					X	X						
Hortalizas												
De asiento								X	X	X		
De trasplante			X	X	X							
Amaranto									X	X		
Huauzontle									X	X		
Durazno							X	X				
Manzana												
Higo							X	X				
Aguacate					X	X						

Fuente: COPLADET Dirección de Informática y Estadística. Unidad de Estadística datos proporcionados por: Secretaría de Agricultura, Ganadería, Desarrollo Rural, Pesca y Alimentación Delegación en el Estado.

CAPÍTULO 3

MARCO TEÓRICO

3.1 El surgimiento del concepto sustentabilidad

Durante el siglo XX se produjeron profundas transformaciones sobre el ambiente, tanto en cantidad como en calidad. En cantidad y amplitud porque muchos de los efectos sobre el medio pasaron de ser regionales o locales a alcanzar una escala planetaria, como el calentamiento global, la disminución de la capa de ozono o la pérdida de la biodiversidad. En calidad o profundidad porque el avance de la química permitió la ruptura de lazos y combinaciones de elementos nuevos que generaron efectos de largo plazo sobre el medio ambiente. De allí que la preocupación por el medio ambiente surgida durante la década de los sesenta en los países desarrollados tenga un propósito diferente a la preocupación de épocas y periodos históricos anteriores. La diferencia consistió, básicamente, en relacionar el deterioro ambiental con el desarrollo, mostrando que el desarrollo por sí mismo y contra la idea que se tenía hasta los cincuenta, no daba cuenta de un equilibrio con el medio ambiente, y tampoco lograba la equidad al interior de la sociedad humana. A principios de los años setenta del siglo XX ya se podían visualizar cuatro posiciones respecto a la problemática ambiental. Estaban los catastrofistas para quienes la continuación del ritmo de crecimiento llevaría, en el correr del siglo XXI, a una catástrofe ecológica y humana, debido principalmente a la escasez de recursos naturales (Foladori y Tommasino, 2000).

Para Sachs (1994), la concepción del "eco-desarrollo" (término que luego cambió por desarrollo sustentable) comienza a gestarse a partir de la reunión de ONU-EPHE en 1972, siendo preparatoria para la Conferencia de las Naciones Unidas sobre el Medio Ambiente Humano en Estocolmo, en 1972. Allí se rechazaron las "visiones reduccionistas de la ecología intransigente y del economismo restricto" y se preconizó una "vía intermediaria" entre el "pesimismo malthusiano", preocupado por el agotamiento de los recursos y el "optimismo de los teóricos de la abundancia" que creen en las soluciones tecnológicas (Sachs, 1994). En este encuentro se resaltó que los problemas ambientales y de desarrollo eran compatibles y debían tener una alternativa común.

Ecodesarrollo es un concepto que podemos definir como un desarrollo deseable desde el punto de vista social, viable desde el punto de vista económico y prudente desde el ecológico (Sachs, 1980).

Los principios básicos del concepto son:

a) Satisfacción de las necesidades básicas.
b) Solidaridad con las generaciones futuras.
c) Participación de la población actuante.
d) Preservación de los recursos naturales y medio ambiente en general.
e) Elaboración de un sistema social garantizando empleo, seguridad social y respeto a otras culturas.
f) Programas de educación.
g) Defensa de la separación de los países centrales y periféricos para garantizar el desarrollo de éstos últimos.

3.2 El surgimiento del concepto de agricultura sustentable

El movimiento de la agricultura sustentable se generó desde varios movimientos de reforma de EEUU, Canadá y Oeste Europeo, desarrollados en respuesta a las preocupaciones sobre impactos de la agricultura, tales como sobreexplotación de los recursos no renovables, degradación del suelo, salud y efectos ambientales y químicos agrícolas, inequidad, declino de comunidades rurales, pérdida de valores tradicionales agrarios, calidad alimentaria, seguridad de los trabajadores agrícolas, disminución de auto suficiencia y disminución del número y aumento de tamaño de los productores. Estos problemas se tornaron asociados con la agricultura convencional, percibida como in sustentable (Hansen, 1996).

A partir de la década del 60, la "revolución verde" comienza a generar sus impactos socioambientales, reforzando la discusión económica debido a los efectos de diferenciación agudizándose por la modernización. Además, introduce la temática ambiental, representada por la degradación y polución ambiental crecientes. El crecimiento de la pobreza en los países del sur y de las regiones rurales en particular, cuestiona el modelo de desarrollo y dentro de ese la investigación analítica asociada a la revolución verde y su potencialidad para sacar del atraso y miseria amplios sectores de población rural del tercer mundo. Puede demostrarse teórica y empíricamente, la posible existencia de sobre inversiones en la agricultura con rendimientos económicos extraordinarios al tiempo que con rendimientos físicos decrecientes (Foladori, 2001).

3.3 Definiciones del concepto de agricultura sustentable o sustentabilidad

Agricultura sustentable o sustentabilidad han sido utilizados como "términos paraguas", abarcando varias aproximaciones ideológicas de la agricultura, incluyendo: agricultura orgánica, agricultura biológica, agricultura alternativa, agricultura ecológica, agricultura de bajos insumos, agricultura biodinámica, agricultura regenerativa, permacultura y agro ecología (Hansen, 1996). Guivant (1995), entiende que existe una gran confusión terminológica cuando se profundiza en la temática relacionada a la "sustentabilidad agrícola".

Este concepto se utiliza para designar "todo lo que se percibe como bueno o benigno para la agricultura". Junto con el concepto de agricultura "alternativa", aparecen los de: "regenerativa, biológica, orgánica, ecológica". Todas estas concepciones tienen en común ser diferentes de la agricultura "tradicional o convencional" y "pueden ser englobadas en el paraguas conceptual de sustentable", que presenta como objetivos generales y básicos:

a) Mejorar la salud de los productores y los consumidores.
b) Mantener la estabilidad del medio ambiente (métodos biológicos de fertilización y control de plagas).

c) Asegurar lucros a largo plazo de los agricultores.

d) Producir, considerando las necesidades de las generaciones actuales y futuras.

Para cumplir estos objetivos, la agricultura sustentable se orienta a resolver los principales problemas e incluyen de una forma general, aquellas técnicas que no son poluentes, mas bien armónicas con los ecosistemas locales y conservan la fertilidad de los suelos sin agredir la micro vida (manejo integrado de plagas, rotación de cultivos, baja intensidad de la producción de animales, fertilización orgánica y verde, diversas técnicas de plantación y manejo de tierras, agro forestación, entre otras) (Guivant, 1995). Para Hansen (1996), la estrategia, más frecuentemente ligada a la sustentabilidad, es la eliminación o reducción del uso de químicos procesados, particularmente fertilizantes y pesticidas.

De una forma general, la sustentabilidad implica distintos ámbitos de análisis que básicamente son el ambiental, el social y el económico (Yunlong y Smit, 1994). Tisdell (1995), Altieri (1996), Girardin (1996), Hansen y Jones (1996), Landais (1998), Zander y Kachele (1999), Vilain (2000).

A pesar de esta coincidencia casi unánime, es común considerar la no existencia de un concepto operacional conciso que permita evaluar y monitorear adecuadamente el estado de sustentabilidad de los agro-ecosistemas. (Zander y Kachele, 1999), entienden que esto es provocado por tres factores básicos:

a) El concepto de sustentabilidad comprende metas múltiples y muchas veces conflictivas que no son claramente definidas en término de parámetros medibles.

b) No hay consenso sobre los parámetros que deben servir para la evaluación del grado de sustentabilidad en el uso de tierras y como la necesaria interrelación entre estos parámetros debe ser considerada.

c) La complejidad de las interacciones entre sistemas sociales, económicos y ecológicos hace dificultoso predecir cuándo el uso de tierras debe ser cambiado para alcanzar un nivel deseado de sustentabilidad.

Tisdell (1996) entiende que la dificultad para cuantificar la sustentabilidad se debe a que normalmente envuelve al menos tres dimensiones: biofísica, social y económica. Estas tres dimensiones pueden ser difíciles de reconciliar y que por usualmente tienen diferentes escalas de tiempo, la dimensión económica tiene una escala temporal menor que la social, y a su vez tiene una escala menor que la biofísica.

La dimensión ecológica de la sustentabilidad se vincula con los procesos biofísicos y la continuidad de la productividad y funcionamiento de los ecosistemas. La sustentabilidad ecológica de largo plazo requiere el mantenimiento de la base de calidad de los recursos y eventualmente su productividad, fundamentalmente el rendimiento sustentable del suelo. También demanda la preservación de las condiciones físicas de aguas superficiales y subterráneas y el clima. Otras preocupaciones son la protección de los recursos genéticos y la conservación de la diversidad biológica (Yunlong y Smith, 1994).

La dimensión social se relaciona con la satisfacción continua de las necesidades humanas básicas, alimentación, abrigo y la elevación del nivel de las necesidades sociales y culturales como seguridad, equidad, libertad, educación empleo y recreación (Yunlong y Smit, 1994). Vilain (2000), entiende que la dimensión social de la sustentabilidad se evalúa por indicadores que propician un conjunto de objetivos (el desarrollo humano, la calidad de vida, la ética, el empleo y el desarrollo local, la ciudadanía, la coherencia, entre otras.) y se conjuntan en tres grandes componentes: la calidad de los productos y del territorio, los empleos y los servicios y la ética y el desarrollo humano.

Para Vilain (2000) la sustentabilidad económica es el resultado de la combinación de factores de producción, de las interacciones con el medio y de las prácticas productivas ejecutadas. Puede ser evaluada a través de 4 componentes básicos:

a) La viabilidad económica, caracterizada por la eficacia económica de los sistemas agrícolas en el corto y medio plazo.
b) La independencia económica y financiera.
c) La transmisibilidad (capacidad de pasaje de la propiedad de una generación a otra).

d) La eficiencia del proceso productivo (permite evaluar la eficacia
    económica de los insumos utilizados, caracterizando la capacidad
    de los sistemas de valorizar sus propios recursos).

3.4 Significados propuestos para el concepto de sustentabilidad agrícola

Algunos de los autores utilizan diferentes términos para conceptos
que tienen mucha proximidad. "Sustentabilidad" (Harrington, 1994),
"sustentabilidad agrícola" (Hansen,1996), "agricultura sostenible"
(Müller, 1996), "desenvolvimiento rural sustentable"

(Sevilla Guzmán y Almeida, 1997) entre otros. La mayoría de estos
autores, entiende que son muchas las definiciones dadas al asunto y en
general proponen clasificaciones o tipologías que reúnen las definiciones
y propuestas de distintos autores en grupos relativamente uniformes. Para
ilustrar la variedad de definiciones y los grupos existentes, se presenta
de una forma muy esquemática y breve, las clasificaciones realizadas
por Harrington (1994), Hansen (1996) e Müller (1997).

Para Harrington (1994), son "innumerables" las definiciones de
sostenibilidad surgidos en los últimos años, a pesar de lo cual pueden
clasificarse en tres grandes grupos.

a) Agro ecología: la sostenibilidad es entendida como la capacidad
    de un sistema para recuperarse frente a situaciones adversas,
    debido fundamentalmente a su diversidad, ya que cuenta con
    varias vías de canalización de energía y nutrientes.
b) Administración: la sostenibilidad es entendida como la
    administración humana de los recursos del planeta. Esto determina
    responsabilidad frente a especies no humanas y generaciones
    futuras de utilizar y conservar esos recursos "sabiamente". Este
    tipo de razonamiento implica que el crecimiento de la población
    y el crecimiento deben restringirse (Batie, 1986).
c) Crecimiento sostenible, implica la conservación de los recursos
    naturales y la satisfacción de las demandas de los productos
    agrícolas.

Para Hansen (1996), dos amplias interpretaciones de sustentabilidad agrícola han emergido con diferentes objetivos básicos:

a) Sustentabilidad interpretada como un enfoque o aproximación a la agricultura desarrollada. Esta propuesta surge en respuesta a las preocupaciones sobre los impactos de la agricultura desarrollada y con la motivación de adherir a ideologías y prácticas sustentables como su meta. En este caso la sustentabilidad adquiere el significado de ser una ideología alternativa o un conjunto de estrategias diferenciadas (Tabla 12).

b) Sustentabilidad interpretada como una propiedad de la agricultura desarrollada. Surge en respuesta a la preocupación sobre las amenazas ambientales que provoca. Tiene como meta utilizar estas propiedades como un criterio para guiar la agricultura hacia el cambio. En este caso la sustentabilidad adquiere el significado de concretarse en la habilidad para cumplir un conjunto de objetivos o como la habilidad para continuar (Tabla 12).

Tabla 12. Significados del concepto de sustentabilidad

Significados	Elementos centrales	Principales autores
Sustentabilidad como ideología	* Conjunto de valores y conciencia de problemas ambientales y sociales. * Manejo adecuado del recurso tierra para futuras generaciones. * Conservación de los recursos-equidad social. * Producción basada en ética de la naturaleza (ecocentrismo).	* MacRae, 1990. * Neher 1992. * Youngberg 1990. * Bidwell 1986.
Sustentabilidad como un conjunto de estrategia	* Autosuficiencia, uso de recursos internos al predio (a, b, g, d). * Uso reducido o eliminación de fertilizantes solubles o sintéticos (a, e, f, h, d, k). * Uso reducido o eliminación de pesticidas químicos. Sustitución por prácticas de manejo integrado de plagas (a, c, d, e, f, h, i, j, k). * Incremento o mejora del uso de rotación de cultivos para la diversificación, fertilidad del suelo y control de pestes (a, c, d, f, h, j). * Aumento o mejora en el uso de abonos u otros materiales orgánicos como correctores de suelo (a, c, f, h, j, k). * Aumento de la diversidad de las especies de cultivo y animales (a, d, g, i). * Mantenimiento del cultivo o cobertura de residuos sobre el suelo (a, d, e). * Reducción de las tasas de existencias animales (a, c, d).	a) Lockeretz 1988. b) Harwood 1990. c) MacRae et al 1990. d) Neher 1992. e) Dobbs et, al., 1991. f) MacRae et, al., 1989. g) Gliessman 1990. h) Edwards 1990. i) Hauptli t al 1990. j) O'Connell 1992. k) Hill & Mac Rae 1988.

Fuente: Elaboración propia en base a Hansen (1996).

Tabla 12. Significados del concepto de sustentabilidad(Continuación)

Significados	Elementos centrales	Principales autores
Sustentabilidad como habilidad de cumplir un conjunto de metas	* A largo mejora calidad ambiental, aumenta calidad de vida de agricultores y sociedad. * Sistemas ambientalmente sanos, productivos, lucrativos y que mantienen estructura de comunidades. * Sistemas alimentarios que a largo plazo aumentan calidad ambiental, son económicamente viablesy producen suficientemente. * Agricultura de evolución indefinida con balance ambiental adecuado.	* American Society of Agronomy 1989. * Keeney 1989. * Brklachc 1991. * Hartwood 1990.
Sustentabilidad como habilidad de continuar en el tiempo	* Producción constante sin aumento de insumos. * Productividad constante frente a stress (resiliencia). * Beneficios netos para presentes y futuras generaciones. * Producción constante con integridad de los recursos y reproducción económica.	* Manteith 1990. * Conway 1985. * Gray 1991. * Humblin 1992.

Fuente: Elaboración propia en base a Hansen (1996).

Müller (1996), entiende que las definiciones sobre agricultura sostenible pueden variar considerablemente. En general, sostiene incluye aspectos técnicos, ecológicos y reflexiones de porqué la agricultura debe ser sostenible y cómo llegar a este objetivo. Distingue dos grupos de definiciones:

a) Las que parten del contexto de la satisfacción de necesidades y la suficiencia alimentaria. Una agricultura sostenible, para este grupo, es aquella cuya productividad permite satisfacer las necesidades de la población actual y futura, conservando el potencial productivo, lo que determina el manejo racional de los recursos naturales. En este grupo se sitúan BIFAD/USAID (1988), FAO (1991), GCIAI (1990) y Repetto (1986).

b) Un segundo grupo de autores que utiliza el abordaje sistémico para determinar las características necesarias para que un ecosistema o agro ecosistema sea considerado sostenible. Como propiedades fundamentales de la sostenibilidad de los agros ecosistemas se considera la resiliencia, estabilidad, productividad y eficiencia. Se agrega la "equidad" como una importante propiedad y se hace referencia a una distribución uniforme o justa de los productos del sistema. Los principales autores del grupo son Conway (1983), Conway y Barbier (1988).

3.5 El desarrollo sustentable

Con el informe "Nuestro futuro común", presentado por la comisión Bruntland, se acuña el concepto de desarrollo sustentable caracterizado como "aquel tipo de desarrollo que provee las necesidades de la generación actual sin comprometer la capacidad de las generaciones futuras para solventar sus propias necesidades". Este concepto, a pesar de posiciones que lo califican de utópico y contradictorio, ha adquirido un carácter paradigmático (Macías, Téllez, Dávila y Casas, 2006).

3.6 El desarrollo regional sustentable y la agricultura

Particularmente, se ha destacado que los problemas del desarrollo sustentable y sus soluciones son visibles desde la perspectiva del desarrollo regional (Aguilar, 2002). Más aún, la sustentabilidad es un punto de referencia actual cuando su definición, descripción, evaluación, modelaje y soporte en la toma de decisiones se requiere en la elaboración de programas de desarrollo regional (Toledo y Provencio, 1998). EL estudio de sistemas regionales sustentables puede abordarse mejor mediante la compresión de varios niveles de organización del sistema, cómo estos niveles se interrelacionan y cómo las interrelaciones cambian.

Estos sistemas agrícolas a su vez incluyen los socioeconómicos y biofísicos, los cuales son considerados por la económica ecológica como sistemas económicos humanos y sistemas económicos naturales, respectivamente (Weston y Ruth, 1997). En suma, la compresión de la complejidad y dinámica del sistema regional se puede auxiliar, conceptual y metodológicamente, mediante la desagregación jerárquica de sus niveles de organización en otros sistemas que por lo regular son interdependientes, en donde los procesos de cambio que ocurren en un nivel de la estructura influencian y son influenciados por la dinámica de otro nivel del sistema.

3.7 Indicadores para la evaluación de la sustentabilidad de la agricultura regional

Uno de los trabajos pioneros para evaluar la sustentabilidad de los sistemas agrícolas fue el "Marco internacional para la evaluación del manejo sustentable de la tierra" (FESLM, sus siglas en ingles), el cual incluía cinco criterios básicos: 1. Productividad, mantener o promover la producción y servicios, 2. Seguridad, reducción del riesgo de la producción, 3. Protección, protección de recursos naturales y prevención de la degradación del suelo y agua, 4. Viabilidad, viabilidad económica, 5. Aceptabilidad, acuerdos sociales (Smyth y Dumanski, 1993).

En cada uno de estos criterios (Tabla 13) se consideraban los factores de evaluación, criterios de diagnóstico, indicadores y rangos de tiempo. Una aportación fundamental consistió en proponer estos rangos de tiempo como límites de confianza para la sustentabilidad.

Tabla 13. Clasificación de la sustentabilidad

	Clase	Límite de confianza
Sustentable	Sustentable a largo plazo	> 25 años
	Sustentable a mediano plazo	15-25 años
	Sustentable a corto plazo	7 a 15 años
No sustentable	Ligeramente no sustentable a	5-7 años
	Moderadamente no sustentable	2-5 años
	Altamente no sustentable	< 2 años

Fuente: Smyth y Dumanski, 1993.

Se han llevado a cabo recientes esfuerzos en torno a la definición de las metas del desarrollo sustentable en conjunto con la selección de sus indicadores. Los indicadores son la traducción de criterios de análisis de un nivel concreto en la jerarquía de los sistemas y sirven como guías de acción en la toma de decisiones de políticas y para evaluar el nivel del desarrollo regional. El reflejar las metas que una sociedad puede formular implica a su vez, el reconocimiento de que la sustentabilidad puede formular implica a su vez el reconocimiento de que la sustentabilidad en ningún momento es estática, sino que involucra tanto el mejoramiento del conocimiento del estado actual del medio regional como de las metas a establecer para las futuras generaciones (Callens y Tyteca, 1999).

3.8 Aceptación del enfoque sostenible

En la actualidad, parecen aceptarse de forma generalizada las nuevas teorías del desarrollo sostenible porque se superan ciertos enfrentamientos dialécticos estériles, tanto en el plano de las teorías del desarrollo, como en el de la orientación de las relaciones Norte—Sur y en la transformación del sistema económico mundial. Como hemos señalado en otras ocasiones se manejan, en este intento conciliador, algunos argumentos como los señalados a continuación, que presuponen el acuerdo conceptual sobre el desarrollo sostenible.

En primer lugar, ante los procesos de cambio global ambiental y social, se admite que los fenómenos ecológicos deben ser tratados conjuntamente con los sociales mediante la integración real de la relación medio ambiente – desarrollo. Existe un acuerdo en la definición de los problemas interrelacionados y también existe consenso sobre el contexto global donde hay que encontrar soluciones.

En el segundo lugar, se abre así una nueva era de la cooperación global, que supera los antiguos planteamientos de la restructuración del orden económico internacional (reclamado por los países en desarrollo desde 1974). Ahora no solamente se plantean las tradicionales polémicas sobre el reparto de las riquezas naturales.

En tercer término, frente a la tesis del crecimiento cero de antaño, algunos teóricos plantean que, con el enfoque del desarrollo sostenible, ahora se revitaliza la idea del crecimiento económico tanto con la finalidad de satisfacer las necesidades básicas de los más pobres, como para mantener los niveles de vida de los más ricos, aunque introduciendo en este caso matices cualitativos, una nueva fórmula de crecimiento, que se intenta presentar bajo la reconciliación entre economía y ecológica por el camino de la sostenibilidad (Jiménez Herrero, 1994).

3.9 La agricultura debe afrontar muchos retos para mantenerse sustentable

La agricultura sustentable requiere del esfuerzo de todos los agricultores del mundo. Las empresas de "gran escala" y los pequeños agricultores tienen un papel que realizar en este cada vez más intenso negocio de producir cosechas. Para sostener a ambos, grandes y pequeños agricultores, la gente debe continuar proveyendo la infraestructura para mover los insumos y productos, los recursos educativos para la generación y transferencia del conocimiento y los marcos de reglamentación para asegurar un clima estable de negocios. Esto último, debe incluir el desarrollo de mecanismos que aseguren a los consumidores una comida segura, sana y de alta calidad.

3.9.1 Contexto internacional

El nuevo diccionario Webster II de la Universidad de Riverside, define sustentabilidad como "mantenerse en existencia", "mantenerse", "durar", "soportar". La agricultura sustentable abarca todas estas definiciones. Incluye consideraciones para una adecuada cantidad de comida para el futuro y también se refiere a temas relacionados con el uso eficiente de los recursos, utilidades para el agricultor y el impacto hacia el medio ambiente. Para que la agricultura se sostenga, y puedan mantenerse satisfechas las necesidades actuales y futuras del mundo, debe proteger y mejorar la calidad del aire, del suelo y del agua: esto es, debe ser "amigable" con el medio ambiente. También debe comunicarse mejor con sus "clientes" los consumidores de alimentos de mundo.

Muchos de los sistemas de producción empleados, lo hacen con un uso poco cuidadoso de esos recursos y, equivocadamente se están contribuyendo a un evidente deterioro. El aprovechamiento del suelo por parte del hombre ha tenido una consecuencia inevitable como es la alteración del ecosistema natural. La producción agropecuaria necesariamente modifica esa situación original, y cuando ese uso no se realiza en forma compatible con la preservación del ambiente y los recursos naturales, se dice que la producción no va a ser sustentable en el tiempo (Forjan, 2005).

3.9.2 Contexto nacional

En opinión de Enrique Provencio (2005), la aplicación de una política de desarrollo sustentable para la agricultura requiere enfrentar y resolver la gran fragmentación y desintegración sectorial existentes en la política mexicana. El ambiente económico no es propicio ni siquiera para mantener la producción a secas, mucho menos para impulsar medidas sustentables. Eso está significando una contracción de los ingresos de la mayoría de los productores rurales, y por tanto reproduciendo condiciones de pobreza rural.

No existen prácticamente programas que propicien la conservación, restauración o la limpieza de suelos contaminados por el uso de agroquímicos. No existen programas que incentiven de manera abierta el uso más sustentable de los bosques entre otros. Si no tenemos socialmente formas adecuadas de resarcir a los productores rurales o de compensar a los productores los costos que significa la sustentabilidad física, no podemos esperar entonces que los propios productores asuman sobre sus propias espaldas todos los costos de la sustentabilidad física de la agricultura. Un problema más serio, está la sociedad mexicana realmente dispuesta y en condiciones de aceptar el costo económico de una agricultura sustentable, porque los servicios ambientales que proveen los sistemas rurales nos benefician a toda la sociedad en su conjunto y no nada más al productor. Estamos o no dispuestos a subsidiar a la agricultura, para que los productores estén en condiciones económicas de sacar adelante todos los pedidos de la sustentabilidad, se necesita entonces una especie de acuerdo social que ubique, como uno de los puntos centrales de la discusión nacional, si estamos o no dispuestos a pagar por la sustentabilidad rural (Aguilar, 2000).

3.9.3 Contexto estatal

Hasta el momento, a nivel estatal no existe una postura definida sobre el tema de agricultura sustentable, lo cual quizás sea reflejo de la escasa atención que, en general, la población del estado otorga al tema. A pesar de que en el período previo a las últimas elecciones, varios partidos políticos hicieron hincapié en la importancia de tener en cuenta el tema ambiental no hay el de desarrollo o agricultura sustentable en sus programas, en los hechos no se vislumbra una preocupación constante por el tema.

3.10 Concepto de cadena Agroalimenticia

El concepto de cadena agroalimentaria es una aplicación específica del concepto general de cadena de valor. Cobra forma a partir de la descripción de Porter (1985) en uno de sus trabajos más conocidos "Competitive Advantage: Creating and Sustaining Superior Performance".

En esta formulación originaria, el concepto se refiere a las distintas actividades desarrolladas dentro de una misma empresa y que valorizan el producto final, de modo que el valor del final del producto supera el valor de las distintas actividades que lo originan. Sin embargo, el concepto puede extenderse y utilizarse de manera genérica, para indicar el conjunto de principales actividades económicas y creadoras de valor, articuladas para obtener un determinado producto o servicio. En este sentido, la cadena agroalimentaria se define como un campo de estudio que comprende el conjunto de actividades y agentes económicos indispensables para producir y distribuir los alimentos de consumo humano. Esta investigación toma como referencia los principales productos del sector agroalimentario y las cadenas en donde se integran, según su importancia en los patrones alimenticios, la dotación energética y calórica, y su peso relativo en el comercio local e internacional. Algunos productos se pueden priorizar según determinados elementos, como las estimaciones de la contribución energética por grupo de alimentos, según FAO (2008).

84

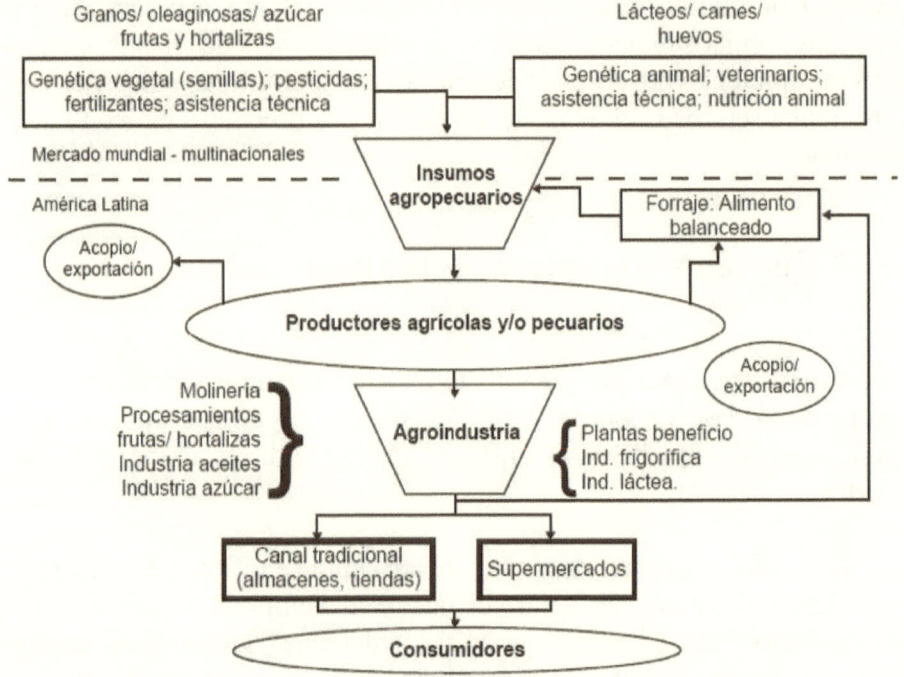

Figura 6. Resumen de los principales eslabones de las
cadenas agroalimentarias. Fuente: USDA. Production,
Supply and Distribution online. Disponible en http://
www.fas.usda.gov/psdonline

Se resumen las características comunes antes expuestas que
describen la morfología general de las cadenas agroalimentarias.
El esquema muestra que América Latina importa desde grandes
firmas multinacionales de investigación y desarrollo, principalmente
provenientes de países desarrollados, los insumos agropecuarios de
mayor contenido tecnológico genética vegetal o animal, agroquímicos,
veterinarios, nutrición animal y los servicios de asistencia técnica
relacionados (Figura 6).

El primer eslabón local son los importadores y distribuidores
mayoristas y minoristas de insumos agropecuarios, que comercializan
el portafolio completo de insumos agropecuarios, incluidos paquetes
tecnológicos, que comprenden una combinación de semillas mejoradas,
agroquímicos y asistencia técnica comercializadas conjuntamente.

El segundo eslabón está constituido por productores agropecuarios que venden su producción a la agroindustria o bien, en el caso de cultivos exportables, al sector de acopio y exportación. Existen cadenas agroalimentarias cortas, que comprenden productos comercializados directamente de las granjas al consumidor final, como en el caso de los huevos, hortalizas y verduras.

La agroindustria alimentaria comprende diferentes sectores que, en el caso de los alimentos de origen vegetal, corresponden a la molinería, la industria azucarera y aceitera, la industria de jugos y enlatados de frutas y hortalizas. Por otra parte, con respecto a los alimentos de origen animal, se encuentra la industria cárnica y láctea, que en algunos países exporta parte de su producción.

Finalmente, se consignan los canales de comercialización minorista, comunes a la mayor parte de los alimentos y comprenden el canal tradicional (las tiendas, carnicerías, verdulerías, mercados de abasto) y el nuevo canal supermercadista (Instituto Interamericano de Cooperación para la Agricultura [IICA], 2008).

3.11 El paradigma de la cadena Agroalimentaria

La búsqueda de un paradigma que nos defina una cadena agroalimentaria eficaz, es un reto para los estudiosos. En primer lugar, la base conceptual de la cadena agroalimentaria, se presta a confusión. Al ser una materia multidisciplinar, los analistas realizan enfoques eminentemente tecnológicos, económicos, y más. Se trata de buscar una coherencia entre todos ellos, y permitir un diagnóstico de los problemas que le afectan y aplicar la terapia adecuada.

Según J.C. van Dalen (1997) hay tres dimensiones en la estructura de la cadena agroalimentaria:

a) Conducta de la CAA (en tres etapas: conocimiento, evaluación y acción), describiendo los valores y normativas.
b) Aspectos institucionales, que describen las relaciones entre los eslabones de la cadena, desde un enfoque de toma de decisiones.

c) Aspectos de elaboración y transformación relacionados con la tecnología. En este caso se contemplan los escenarios de variedad, estabilidad, volumen y distribución geográfica.

3.12 Elementos conceptuales de la integración de cadenas Agroalimentarias

Sobre integración de cadenas existen varias formulaciones conceptuales. Por ejemplo, para (E. Visser, 2006), integración "es un proceso que lleva a mejorar el desempeño logístico de una cadena sobre las bases de un mejor entendimiento de cómo resolver los problemas de distribución y de coordinación". Siguiendo al mismo autor, esto requiere un alto grado de organización y capacitación empresarial, representatividad, suficiente

participación y capacidad de decisión de los diferentes actores privados, donde el Estado sólo debe ser un facilitador. Esta visión muy posiblemente funcione en países desarrollados, en donde la normatividad y las propias estrategias y actitudes de los actores son predominantemente cooperativas.

Para A. Schejtman (2003), los procesos de integración tiene connotaciones principales: coordinación vertical, para que los productores, sobre todo los de bajos ingresos, enfrenten las fallas de mercado en financiamiento, tierra o canales comerciales y negocien o se asocien con agentes de estos eslabones, como la agroindustria para reducir costos de transacción y retener parte del valor agregado. En la integración vertical que se observa cuando los actores no pueden negociar con otros eslabones o los riesgos para hacerlo son muy elevados, se asumen funciones y son integradas a sus empresas, absorbiendo costos y riesgos.

De acuerdo a otros teóricos, como Coase y Williamson (citado por M. Merino e I. Macedo (2005), una de las grandes ventajas de la integración vertical reside en la reducción de costos de transacción, explícitos como los costos de transporte o aduana e implícitos, como los riesgos que suponen las relaciones anónimas y a gran distancia.

Estos costos son especialmente altos en las cadenas agroproductivas, por los riesgos climatológicos, la regulación sanitaria y de calidad de los insumos y productos, así como por la competencia especialmente desleal que pueden ejercer otras regiones o países.

Los mismos autores destacan que cuando los riesgos de negociación dentro de una cadena son altos, conviene adoptar una estrategia de integración vertical, es decir, que los productores interesados accedan y se apropien de otros eslabones como los de transformación o distribución de los productos finales. En cambio, cuando los riesgos están bajo control y se puede negociar con alto nivel de certidumbre, lo conveniente es especializarse en su actividad y acordar formas de interacción positiva con los otros eslabones de la cadena. Una y otra situación parece inestable en el tiempo y el espacio, por lo cual la flexibilidad estratégica de los actores es básica, para oscilar entre una y otra, especialmente en estos tiempos de globalización. Aunque existen casos, como cuando se tienen inversiones importantes en una vía, donde las posibilidades de cambiar de estrategia casi son nulas, por incosteables y riesgosas.

3.13 Concepción e instrumentación de la estrategia de integración de cadenas agroalimentarias en México

El Estado mexicano se ha caracterizado por diseñar a lo largo de su historia una amplia gama de estrategias para el desarrollo rural, de hecho es líder entre los países Latinoamericanos en términos de intervenciones e inversiones en la búsqueda del desarrollo rural sustentable. Sin embargo, se detectan tensiones en sus tácticas, dispositivos institucionales y programas que se han dirigido, por un lado, a la economía agropecuaria comercial y, por el otro, a la de poblaciones marginadas. En ese marco, recientemente se ha formulado una política de Estado para el desarrollo rural, basado en la LDRS, que tiene como instrumento principal el proceso de descentralización-federalización y como enfoque la integración de cadenas y el territorio, aunque en este trabajo nos enfocamos a la primera dimensión del enfoque (Diario Oficial de la Federación [DOF], 2001).

Cabe destacar que la LDRS plantea el establecimiento de un órgano específico para la coordinación horizontal a nivel federal en materia de política rural (la Comisión Intersecretarial para el Desarrollo Rural Sustentable, CIDRS), la constitución de órganos participativos para la sociedad civil (Consejos para el Desarrollo Rural Sustentable) y la elaboración de un Programa Especial Concurrente (PEC). Este último plantea la integración de un "presupuesto rural", es decir, el presupuesto que canaliza cada una de las secretarias el medio rural, el cual figura anualmente como anexo del presupuesto federal.

En especial, la Alianza para el Campo, de SAGARPA, a través del Programa de Desarrollo Rural (PDR) y los de Fomento Agrícola y Ganadero, respectivamente tienen este enfoque de programas descentralizados y se orientan al fomento de inversiones productivas en agricultura, ganadería y actividades no agropecuarias con un enfoque de integración de cadenas productivas.

Por otra parte, en México la estrategia de integración de cadenas se formalizó en el 2000, fundamentalmente por iniciativa de SAGARPA. La pertinencia de la estrategia fue reconocida por la mayoría de los interlocutores, principalmente por parte de las organizaciones de productores y obligó a que la Secretaría del ramo asumiera un enfoque de política alimentaría. Este no fue un asunto menor, pues implicaba una estructura institucional diferente de la SAGARPA y, en paralelo, de instrumentos de intervención adecuados. Aspecto en que radica una de las primeras limitantes de la estrategia, ya que SAGARPA sigue organizada en función de la producción primaria y carece de las atribuciones para incidir en todas las fases de la cadena productiva. Esto último se pudo subsanar, al menos en parte, por la coordinación con otras secretarías, como la de Economía y Desarrollo Social, sin embargo, esa articulación ha sido limitada e, incluso, en varias medidas se han contrapuesto.

A nivel teórico, el interés en entender la problemática del cultivo de la calabaza de castilla tiene que ver con la relación entre las transformaciones a nivel local como consecuencia del proceso de la globalización y la sustentabilidad rural, enfocándose de manera particular en los sistemas de producción.

Con el término globalización se refiere a la creciente interconexión de diferentes sistemas sociopolíticos nacionales a nivel planetario. Se refiere también a los cambios sociales, económicos y ecológicos que ocurren en los espacios locales (Waters 1995; Morales, 2004).

Uno de los impactos de la globalización es la re-configuración de las relaciones sociales y políticas entre los actores sociales en una determinada comunidad rural (van der Ploeg, 1994).

Hoy día, en muchas comunidades, se observa pobreza y deterioro de recursos naturales, y se han debilitado las bases socio-productivas. Lo anterior indica, entre otros, que la globalización y su conceptualización en términos neo-liberales se tiene que considerar como un proceso excluyente para una gran parte de los pobladores de una determinada región (Beck, 1992). Esta exclusión social ha causado problemas, entre ellos, la falta de una articulación de las economías campesinas (Morales, 2004).

Con los efectos negativos de la globalización, el desarrollo sustentable sigue teniendo su vigencia. Comúnmente, con este término se refiere a aquel desarrollo que satisface las necesidades de las generaciones presentes sin comprometer las necesidades de las generaciones futuras. Sin embargo, existen muchas discusiones científicas y políticas sobre como operacionalizar la sustentabilidad. Los liberales, por ejemplo, mencionan que existe la posibilidad de compatibilizar el crecimiento económico con la preservación ambiental vía el aumento en la productividad producir más con menos recursos y generar menos residuos). A su vez, los ecosocialistas, mencionan que el capitalismo es insostenible debido a su principio de crecimiento económico y acumulación constante. Aún con la existencia de diferentes enfoques, todos los corrientes retoman al desarrollo sostenible como un concepto prometedor para revertir los problemas socio-ambientales (O'Connor, 2000). En este estudio retomamos al concepto más conocido y aceptado mundialmente, y que hace referencia a las futuras generaciones, refiriendo a un modelo de desarrollo que es económicamente viable, socialmente justo y ecológicamente apropiado.

Un sistema de producción se puede considerar como una forma especifica de "hacer agricultura", es decir, se refiere a las diferentes actividades agropecuarias y forestales, desarrolladas por los campesinos. Los sistemas de producción se basan en una movilización de recursos y son el resultado de un quehacer en el espacio local, es decir, en la "localidad".

Se puede distinguir diferentes ámbitos, donde movilizar recursos, siendo la propia parcela, la familia o la comunidad, o a través de las instituciones o mercados. Por lo tanto, podemos entender un sistema de producción también como una configuración específica de actividades productivas, económicas y sociales. Los sistemas de producción no son estáticos, sino dinámicos y pueden transformarse, debido a cambios ecológicos, socioeconómicos e institucionales (van der Ploeg, 1990).

Las transformaciones en los sistemas de producción se pueden entender como la redefinición por los actores locales de sus relaciones con el contexto socioeconómico e institucional, así como con el contexto natural o material, debido a procesos socio político exógeno a la localidad (Van der Ploeg 1992).

Muchas veces, estas transformaciones implican la transición del modo de producción campesino, basado en la diversificación de actividades productivas y el uso principal de recursos locales, al modo de producción agroindustrial, basado en la especialización de las actividades productivas y el uso principal de recursos externos (Toledo, 2000).

Una cuestión importante en el entendimiento de los sistemas de producción es su grado de sustentabilidad. Según varios autores (Van der Ploeg, 1990, 1992; Toledo, 2000; Morales, 2004), las transformaciones en los sistemas de producción campesino generalmente conllevan a una pérdida de la sustentabilidad. Analíticamente, se pueden visualizar en la Figura 1, donde la sustentabilidad está representada por dos variables: 1) impacto ambiental ("tendenciaa enriquecimiento de recursos vs. tendencia a empobrecimiento de recursos") y 2) grado de endogeneidad ("uso predominante de recursos locales, vs. uso predominante de recursos externos").

En relación a las dos variables usadas, la Figura 7 muestra cuatro posiciones básicas diferentes donde se ubican los sistemas de producción:

1) El sistema de producción campesino, basado en la diversificación productiva, y el uso predominante de recursos locales, como ya se mencionó anteriormente, por lo tanto, este sistema de producción contribuye a un enriquecimiento del entorno natural.

2) El sistema de producción campesino marginado, representando aquellos productores que no logran mantener una estrategia de diversificación y por lo tanto contribuyen a un empobrecimiento, o hasta degradación de su base material.

3) El sistema de producción agroindustrial, fundamentado en la especialización productiva, y donde predominan los recursos externos, previamente mencionados, y donde se observa una tendencia de empobrecimiento de la naturaleza.

4) El sistema de producción agroindustrial sustentable, basado en la especialización y los recursos externos, sin embargo, donde se busca enriquecer los recursos naturales (Gerritsen, 2002).

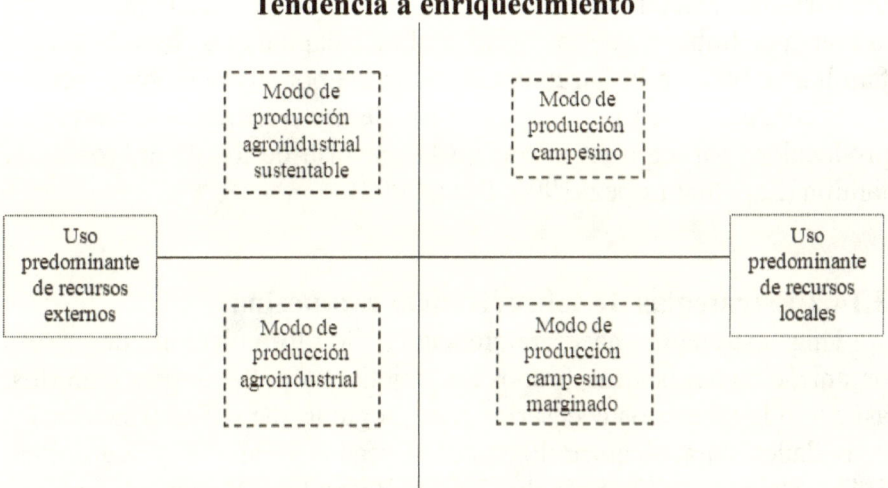

Figura 7. Patrones normativos de desarrollo agropecuario. Fuente: Elaboración propia en base Toledo, 2000, van der Ploeg, 1990, y Gerritsen, 2002.

3.14 Unidad familiar rural

La población rural está organizada en unidades familiares conformadas por un jefe de familia, la esposa, los hijos y otros familiares. Esas unidades se ubican en comunidades rurales y tienen o no tierras para la producción agropecuaria y forestal y medios de producción, sus actividades las desarrollan en sus parcelas, o bien, son de naturaleza extrafinca, de tiempo completo o de forma temporal y la producción agropecuaria o forestal, sujeta a riesgos climáticos y económicos, se destina al autoconsumo mayormente y al mercado en menor medida, para adquirir bienes o servicios necesarios a la unidad familiar y todo ello fundamenta su existencia y contribuye a su reproducción social (Wittgenstein, 1988).

3.14.1 Unidad campesina familiar

Entre las actividades que realiza la unidad familiar se encuentran desde la agricultura, cría de animales, artesanías y comercio a pequeña escala hasta el trabajo asalariado (venta de fuerza de trabajo) en las empresas capitalistas agrarias, servicio doméstico, la construcción, la industria manufacturera, etc. (Jiménez, 1987; Díaz, 2002). Para distribuir la fuerza de trabajo, que es el principal bien capital que posee la unidad familiar se basa en la estructura conformada por sus miembros, género y sus edades, ya sea remunerado o no, dentro o fuera de la unidad de producción, participa en el trabajo la mayoría de los miembros de la familia (Zapata y López, 1996; Díaz, 2002).

3.14.2 Estrategias de sobrevivencia campesina

Una estrategia hace referencia a la formulación de tareas organizacionales básicas, propósitos, objetivos y políticas para lograrlos, así como los métodos necesarios para asegurar que se implementen las actividades para alcanzar los fines deseados (Galbrait y Kazanjian, 1978; Steiner, 1982; Székely, 2005). Referida a la unidad familiar, la estrategia se define como la capacidad que tienen los miembros para, por un lado, autoabastecerse de los alimentos básicos y, por el otro, asegurar la reproducción de la unidad familiar, instrumentando para ello mecanismos de respuesta al modo capitalista de producción (Pérez,1997), normalmente subestimada y subvalorada, dentro y fuera de la unidad familiar, la intensa labor doméstica de la mujer en el hogar actúa como una estrategia de supervivencia de la unidad familiar al impedir la desintegración de la unidad familiar por su ausencia (Zapata y López, 1996).

Las estrategias de sobrevivencia hacen referencia a acciones y actividades económicas, sociales, culturales y demográficas que las unidades familiares campesinas siguen para hacer frente al problema del acceso a recursos y satisfactores de sus necesidades básicas, y asegurar la sobrevivencia y reproducción social (continuar siendo campesino), tanto al interior de la unidad de producción como en su relación con el modo de producción capitalista (Barlett, 1984; Díaz, 2002; Ibarra, 2005).

En otras palabras, las estrategias son respuestas de los campesinos a las condiciones ecológicas, tecnológicas, socioeconómicas y políticas que limitan su sobrevivencia y reproducción (Ibarra, 2005).

3.15 Sistemas de producción

Un sistema comprende una colección de partes o componentes organizados con un propósito (Coyle, 1978), en relación con la producción agropecuaria y forestal en las áreas rurales, el sistema es una parte de un universo de producción, o bien, un subsistema de éste. De ese modo, en cuanto a las actividades agrícolas, se le puede referir como sistema agrícola de producción, en las actividades pecuarias será un sistema de producción pecuario. En ellos se producen bienes agrícolas, pecuarios o forestales, comúnmente en condiciones de riesgos climáticos y económicos, y cuyo fin es mayormente la alimentación de la unidad familiar y la venta de algún volumen de ellos para adquirir otros bienes que necesita y no produce. En esta investigación se hace referencia a los sistemas agrícolas de producción, sin embargo, se reconoce que en la unidad familiar rural se integran en un sistema común las actividades agrícolas, pecuarias, forestales y de recolección (de especies animales o vegetales, principalmente).

Para muchos productores los sistemas de producción son sistemas agropecuarios y/o forestales y están formados por un conjunto de cultivos o especies pecuarias o forestales que trabaja el productor, en el caso de especies agrícolas hace referencia a monocultivos o a cultivos asociados, secuenciados en un patrón determinado por las condiciones ecológicas, de suelo, clima, disponibilidad de riego y los objetivos socioeconómicos del productor (Laird, 1977; Zúñiga, 1987).

3.16 Tipos de agricultura

La agricultura que se practica en México corresponde a la diversidad de condiciones ecológicas y socioeconómicas en que se desarrolla y con relación a la aplicación de insumos tecnológicos, productividad y aspectos socioeconómicos; Castillo (2005), reconocen tres tipos de agricultura: la empresarial o moderna, la de subsistencia o tradicional, y la agricultura transicional, sin embargo, en esta investigación son de interés la tradicional y la comercial, ya que ambas representan los tipos de agricultura que predominan en la región de estudio.

3.16.1 Agricultura tradicional

Bajo un enfoque etnoagroecológico, se le denomina agricultura tradicional al uso de los recursos naturales basado en: a) una prolongada experiencia empírica que ha conducido a configurar los actuales procesos de producción y las prácticas de manejo utilizadas, b) un íntimo conocimiento físicobiótico del medio por parte de los productores, c) la utilización apoyada por una educación no formal para la transmisión de los conocimientos y las habilidades requeridas; y d) un acervo cultural en las mentes de la población agrícola (Hernández, 1985).

Bajo un enfoque de productividad, la agricultura tradicional es la que practica el subsector agrícola de subsistencia, constituido por un gran número de productores que trabajan a un bajo nivel tecnológico, ocupan importantes superficies de tierra de labor y en gran medida se encuentran excluidos de los beneficios del sistema económico, producen fundamentalmente a un nivel de subsistencia e infrasubsistencia y con base en tecnologías tradicionales, carecen de suficiente capital para el desarrollo de su actividad agropecuaria y están sujetos a la extracción de sus excedentes a través de relaciones de intercambio desigual, lo que no les permite acumular capital para salir de su condición de pobreza (Volke y Sepúlveda, 1987), en la región de estudio, se practica mayormente bajo condiciones de temporal en parcelas no mayores de 4 hectáreas.

3.16.2 Agricultura empresarial

De acuerdo con Sepúlveda (1992), la agricultura empresarial muestra las siguientes características: disponibilidad adecuada de financiamiento y de insumos, en el momento oportuno, suelos de buena calidad y en general, con capacidad para enfrentar riesgo, disponibilidad de riego y/o con disponibilidad de seguro agrícola, especialización de la producción en cultivos únicos, para favorecer la mecanización y algunas prácticas de manejo, mecanización intensiva de las actividades de producción, por lo que se requieren superficies más o menos planas, maximización de ingresos por unidad de superficie como objetivo, uso intensivo de capital y sistemas adecuados de información sobre precios, mercados y transporte de insumos y productos y alto grado de organización en la administración de los factores de la producción, en la región de estudio, se practica mayormente bajo condiciones de riego o de temporal con humedad residual en parcelas mayores de 4 hectáreas.

3.17 Teorías del desarrollo al desarrollo sustentable

La aparición del desarrollo sustentable en el campo discursivo de las teorías del desarrollo ha representado un cambio cualitativo en la cadena de significación que articula el crecimiento económico, la equidad social y la conservación ecológica. Sin embargo, a partir de las críticas de los movimientos ambientalistas a los resultados de los proyectos de desarrollo puestos en marcha, principalmente en relación a sus impactos en la integridad de los ecosistemas y en la pérdida de calidad de vida de la población, la trayectoria del desarrollo sustentable ha sido recurrentemente estudiada, aunque sin reconstruir apropiadamente los procesos de cambio conceptual y político que moldearon su aparición.

En este ensayo interesa, por tanto, recorrer la trayectoria de construcción teórica de la sustentabilidad desde la propia noción de desarrollo en una perspectiva histórica, y destacando la manera como fueron articulándose los componentes económicos, sociales y ambientales que hoy definen, en términos generales y al margen de las controversias existentes, la noción del desarrollo sustentable (Gutiérrez, 2007).

3.18 Las teorías del desarrollo y su delimitación histórica

Las teorías del desarrollo aparecen como una especialidad de la ciencia económica durante el periodo inmediato que prosiguió a la segunda guerra mundial (Gutiérrez, 2003).

Momento también en el que numerosos países colonizados en Asia y África inician movimientos de liberalización nacional y donde otros países soberanos de América Latina reclaman impulso de desarrollo autónomo. Se trata también del momento de constitución de un nuevo sujeto político conocido como el Tercer Mundo (Rist, 2001).

Desde su inicio, las teorías del desarrollo delimitaron como campo de conocimiento el estudio de las transformaciones de las estructuras económicas de las sociedades en el mediano y largo plazos, así como de las restricciones específicas que bloquean dichos cambios estructurales en las sociedades tradicionales, denominadas también: países subdesarrollados, dependientes, periféricos o emergentes, entre otras acepciones.

Por lo anterior, el objeto de estudio de las teorías del desarrollo puede plantearse mediante las siguientes preguntas ¿Cómo explicar la insuficiencia de capital, el bajo crecimiento y nivel de vida en ciertos países en relación a las condiciones que prevalecen en los países más desarrollados? ¿Qué políticas deben impulsarse para superar dicha situación y transitar hacia condiciones estructurales que permitan alcanzar un alto crecimiento y bienestar social semejante al de aquellos? ¿Cómo superar la pobreza de los países del Tercer Mundo?. Las teorías del desarrollo implican, por lo mismo, una tensión entre la teoría y la historia, y su evolución conceptual se vincula estrechamente con el acontecer económico, social y cultural de las naciones, como lo observamos a través de la evolución histórica de la construcción del paradigma del desarrollo. Algunos de quienes pueden ser considerados sus fundadores son: Arthur Lewis, Whitman Rostow y Raúl Prebisch.

3.19 El enfoque neoclásico: el dualismo y las etapas de crecimiento

Desde el enfoque neoclásico, el desarrollo supone transformar la sociedad de un estado tradicional caracterizado por el estancamiento y la subsistencia, a una sociedad dinámica capitalista centrada en el sector emprendedor. La emergencia de una clase de empresarios capitalistas es el elemento clave de esta evolución (Arasa y Andreu, 1996). En esta línea, fueron propuestos dos modelos: el dual y el lineal. Ambos retoman los principios de la economía neoclásica del análisis en materia de precios y asignación de los recursos.

La economía dual de Arthur Lewis en su trabajo "Desarrollo económico con oferta ilimitada de mano de obra" plantea la coexistencia de dos sectores: el sector moderno capitalista vinculado a la industria, y el sector precapitalista tradicional asociado a la agricultura. La sociedad tradicional es considerada como una sociedad heterogénea donde los dos sectores funcionan con reglas y hacia objetivos diferentes. En esta perspectiva, el objeto de estudio es el proceso de transformación estructural que hace evolucionar la economía en su conjunto hacia el sector moderno. El desarrollo se convierte en el proceso de eliminación de la economía dual por la expansión de la economía capitalista (Lewis, 1960).

El modelo de Lewis constituye una de las aportaciones más célebres de los años cincuenta. Parte del principio de la economía clásica de la acumulación. La ganancia es el origen de la inversión y del crecimiento. Sólo la ganancia es susceptible de crear ahorro. Los salarios no son capaces de hacerlo y aunque las clases medias pueden ahorrar no impactan la inversión. Sólo la clase de los capitalistas industriales y agrícolas es apta para invertir de manera productiva, lo que no ocurre con las clases dominantes de las sociedades tradicionales. El desarrollo no puede producirse mas que como resultado de una distribución de los ingresos muy favorable a la clase de empresarios capitalistas. Lewis sostiene que en la sociedad tradicional la productividad de la agricultura es muy baja pues la cantidad de tierra es ilimitada en relación al número de trabajadores, por lo cual la producción por hectárea está al máximo de acuerdo con los métodos de cultivo tradicional. Una modificación en el número de trabajadores sobre la tierra no cambia el nivel de producción agrícola, dadas las condiciones de extensión de la tierra, razón por la cual los ingresos son muy bajos.

La acumulación del capital en el sector capitalista o moderno, o mas bien el progreso técnico, provoca una elevación del producto marginal del trabajo al interior del sector. De ese modo, la demanda de trabajo aumenta. En la sociedad moderna, el nivel medio del salario industrial se supone superior en 30% al agrícola. Esta diferencia debe provocar una atracción sobre las ciudades y la migración de un determinado número de trabajadores agrícolas. Con estas hipótesis, el sector capitalista crecería de manera regular en detrimento del sector no capitalista hasta que el proceso iguale los ingresos del trabajo en los dos sectores y/o el producto marginal del capital dentro del sector no capitalista se integre al sector capitalista. Entonces el dualismo sería absorbido y se instauraría un crecimiento equilibrado.

Consecuentemente, el desarrollo dentro de una economía dualista pasa por la reducción progresiva del sector tradicional y el refuerzo del sector moderno que progresivamente absorbe los excedentes de mano de obra del sector de subsistencia, gracias al salario más alto del empleo industrial que crecerá tanto porque la productividad marginal de los trabajadores es superior que los salarios (Lewis, 1955). Las aportaciones de Lewis fueron fundamentales en una época en la cual la migración proveniente del campo hacia las grandes urbes latinoamericanas fue muy intensa durante los decenios de los cincuenta y sesenta. Así, aparecen trabajos interpretativos de la sociedad tradicional, sobre la marginalidad (Quijano, 1966) y la modernización (Margulis, 1970), que enriquecieron el análisis de los procesos de transformación interna que se registraban en las sociedades latinoamericanas, centrando su análisis precisamente en relacionar el fenómeno de la migración con las condiciones históricas particulares, la condición periférica, sus modelos de industrialización y patrones demográficos y, por tanto, las características de la fuerza de trabajo y los mercados laborales.

Whitman Rostow y las etapas del desarrollo por su parte, la economía lineal de Rostow en su libro "Las etapas del crecimiento económico", sostiene que los países con menos desarrollo se encuentran en una situación de retraso transitorio, inevitable dentro del proceso histórico de cada sociedad. Según Rostow existen cinco etapas comunes en los países con menos desarrollo:

- Sociedad tradicional (agricultura de subsistencia).
- Creación de las condiciones previas al arranque.
- Despegue (cuando la tasa de inversión supere la tasa de población).
- Camino a la madurez (que dura sesenta años).
- Etapa del consumo de masas.

El periodo de despegue es el intervalo en el que finalmente se consigue superar los obstáculos al desarrollo de una economía tradicional. Una de las condiciones más importantes es que la tasa de inversión debe rebasar la tasa de crecimiento de la población, y Rostow pensaba que esta tasa debería ser de 10 %. Si la tasa interna no es suficiente, es recomendable invitar a participar al capital extranjero para propiciar una transferencia masiva de capitales y lograr las metas del desarrollo.

Una vez iniciado el despegue, pasarán unos treinta años para que una inversión sostenida a esos niveles transforme las estructuras económicas, políticas y sociales, y de esta manera pueda lograrse un crecimiento constante de la producción. Durante el camino hacia la madurez se requerirán unos sesenta años después del despegue, para que la nación pueda obtener el dominio de la tecnología contemporánea más avanzada y tenga la capacidad de producir lo que se proponga en el campo de especialización que haya escogido. Más tarde, ya en la etapa del consumo masivo elevado, los principales sectores de la economía se desplazarán hacia la producción de bienes de consumo duraderos y gran parte de la población adquirirá un elevado nivel de vida (Rostow, 1960).

Si bien la propuesta de Rostow tuvo una amplia aceptación entre los economistas neoclásicos, porque en los hechos rendía tributo a los postulados de la teoría del comercio internacional, los trabajos de la sociología, la antropología y la historia desmentían esa visión idílica evolucionista que describía el autor.

3.20 El enfoque latinoamericano y el surgimiento de la economía estructuralista

La teoría de la CEPAL de Raúl Prebisch y el paradigma keynesiano

La teoría de la Comisión Económica para América Latina (CEPAL) surge frente a la preocupación intelectual y política de encontrar un rumbo al desarrollo económico y social de América Latina. Raúl Prebisch es quien inaugura la vida de dicha Comisión en su primera sesión celebrada en La Habana en mayo de 1948 con su trascendente trabajo titulado: "El desarrollo económico de la América Latina y algunos de sus principales problemas" (Prebisch, 1948). Este manifiesto teórico-político, como lo denominó Celso Furtado (1985), sentó las bases de un nuevo paradigma en la ciencia económica: la teoría económica estructuralista. Esta teoría no sólo tuvo una gran capacidad de convocatoria entre los científicos sociales latinoamericanos, sino que ganó adeptos en los más variados círculos académicos internacionales.

Prebisch se deslindó del enfoque neoclásico y negó que el subdesarrollo constituya una etapa normal del desarrollo, por el contrario, es un fenómeno histórico y específico de ciertas sociedades determinado por el desarrollo orgánico de la economía del mundo conformado por la condición periférica, resultado de un rezago estructural del sistema productivo que hace posible que los beneficios y los salarios se contraigan con tendencias por debajo del ritmo de crecimiento de su propia productividad, bajo la presión estructural que impone la condición céntrica en la relación del intercambio comercial de los países (Prebisch, 1948; Hodara, 1987; Gurrieri, 1982).

3.21 Tendencias mundiales en la organización y financiamiento de la ciencia, tecnología e innovación agrícola y agroindustrial

En el ámbito de la agricultura, la rentabilidad social de una proporción importante de conocimientos, es decir, los beneficios recibidos por todos los que utilizan una innovación, suelen ser superiores a la rentabilidad privada los frutos percibidos únicamente por quienes han invertido en ellos, razón por la cual las empresas privadas carecen de incentivos suficientes para invertir en la generación y difusión de conocimientos de baja apropiabilidad. Esta situación ha planteado la necesidad de emprender acciones de intervención pública tendientes a alentar la generación de conocimientos útiles para la agricultura, siendo la creación de organismos públicos de investigación la forma clásica de intervención a nivel mundial. Sin embargo, como consecuencia de los procesos de globalización, apertura comercial, formación de bloques comerciales y cambios en los paradigmas científicos, así como en la revisión de los roles del sector público y privado, los sistemas de investigación agrícola de todo el mundo han sido sometidos a profundos procesos de reestructuración orientados a mejorar su eficiencia y pertinencia, entendidas éstas respectivamente, como la relación entre resultados producidos e insumos requeridos, y si los sistemas trabajan sobre los temas que la sociedad considera relevantes.

Entre los principales cambios registrados, así como las fuerzas impulsoras que les dieron origen, destacan los siguientes.

3.22 Cambios en el contexto

3.22.1 El papel de la agricultura
En particular, en los países europeos, a la agricultura se le ha asignado nuevos roles, principalmente en lo que se refiere a la seguridad e inocuidad alimentaria, la protección ambiental y el bienestar animal. Así, la investigación agrícola de carácter público es más bien concebida como un mecanismo para "orientar" al sector, más que para "apoyarlo".

El reto para el sector agrícola dentro de estos países es proyectar una actitud social y ecológica balanceada.

En los países de Sudamérica también se ha asignado a la agricultura la función de la sustentabilidad y la seguridad alimentaria, aunque más orientada a incidir en la superación del hambre y la desnutrición. Adicionalmente se han incorporado los temas de la competitividad (dado el importante rol del sector como generador de divisas) y el de equidad social en virtud de la prevalencia de elevados niveles de pobreza o la exclusión de importantes sectores de la población rural, en particular de la agricultura familiar.

3.22.2 Astringencia financiera

Las restricciones presupuestarias que enfrentan los países se han traducido en presiones financieras sobre el sector público en general, pues el presupuesto en investigación agrícola ha crecido poco o nada en la mayoría de los países. La respuesta ha sido buscar nuevos arreglos que permitan aumentar la eficiencia, hacer más con menos recursos o compartir responsabilidades con terceros. Quizás los ejemplos más extremos de racionalización financiera se tengan en países como Holanda e Inglaterra, que decidieron la conversión de sus institutos públicos de investigación en organismos privados independientes.

Pese a que las limitaciones presupuestarias mencionadas, en algunos países de Sudamérica como Brasil, Argentina y Uruguay se han canalizado mayores recursos a los institutos públicos de investigación y extensión, con el propósito de que contribuyan a mejorar la competitividad del sistema agroindustrial y potencien su papel generador de divisas.

3.22.3 Prioridad a los bienes públicos

Los cambios en el papel de la agricultura, así como la astringencia financiera, han ejercido fuertes presiones para emprender una revisión profunda de la naturaleza pública de la investigación. Se argumenta que existen suficientes oportunidades para que los agricultores y sus organizaciones financien la investigación de su interés y que los centros públicos de investigación enfaticen en la investigación básica que contribuye a desarrollar la "nube de conocimientos", la seguridad e inocuidad alimentaria, la gestión ambiental, el bienestar animal, la calidad del agua, gestión de las cadenas agroalimentarias, gestión de territorio. El reto para los sistemas públicos de investigación en los países desarrollados se resume en un cambio de paradigma: de ser "fábricas tecnológicas" deberán transformarse en "fuentes de conocimiento".

Debido quizás al mayor peso que tiene la agricultura en la economía, además de ser la principal fuente de generación de divisas y a la existencia de considerables brechas tecnológicas entre agricultores, en los países de Sudamérica aún no está tan acentuado este debate sobre la necesidad de separar la generación de conocimiento y tecnología de su aplicación inmediata. Incluso en algunos países como Argentina, el instituto público de investigación cuenta con un área de extensión cuya función consiste, precisamente, en realizar transferencia de tecnología. El enfoque hacia los bienes públicos encuentra su soporte en las evidencias aportadas por diversos estudios, según los cuales el Estado puede contribuir considerablemente a mejorar las capacidades de la población rural en lo concerniente a la adquisición y generación interna de conocimientos si se modifica la composición del gasto público, al pasar de un enfoque privilegiado de subsidios privados aquellos otorgados a grupos específicos de productores, a bienes públicos aquellos que incluyen educación rural, salud y protección social, infraestructura rural, investigación y desarrollo, protección ambiental y un gasto antipobreza focalizado. Así, la evidencia estadística sugiere que un aumento de 1 % en la proporción del gasto público rural destinado a la entrega de bienes públicos en los países de América Latina y el Caribe, se asocia con un crecimiento de la producción agrícola por persona en aproximadamente 0.23 %. En contraste, al aumentar el gasto rural total en un 1 % sin cambiar su composición, aumenta el ingreso agrícola en sólo 0.06 %. Por lo tanto, la reestructuración del gasto público rural debiera ser más importante que el aumento del gasto rural total, aunque una vez que lo primero ocurra, el desarrollo nacional en su conjunto se beneficiará de aumentos generales en el gasto rural (Ferranti, 2004).

3.22.4 Formación de redes de investigación
Debido a cuestiones relacionadas con la presión financiera y a la emergencia de nuevos problemas que demandan la convergencia de disciplinas y competencias que no están necesariamente presentes en

cada organismo público de investigación, se observan cada día más casos de proyectos en los cuales varios institutos de investigación colaboran.

Sin duda alguna que el caso más sobresaliente lo constituye el Programa Cooperativo para el Desarrollo Tecnológico Agropecuario del Cono Sur PROCISUR, creado en 1980. Este programa constituye un esfuerzo conjunto de los institutos nacionales de tecnología agropecuaria de Argentina, Bolivia, Brasil, Chile, Paraguay y Uruguay en coordinación con el Instituto Interamericano de Cooperación para la Agricultura (IICA) y el Banco Interamericano de Desarrollo (BID). Esta cooperación está respaldada financieramente por la constitución del Fondo Regional de Tecnología Agropecuaria (FONTAGRO) establecido en 1998. Este fondo está orientado al desarrollo de tecnologías con característica de bienes públicos regionales.

También destaca el esfuerzo europeo para establecer un modelo de colaboración regional: el European Initiative for Agricultural Research and Development, establecido en 1995. Finalmente sobresale el caso del PROCINORTE, recientemente conformado entre México, Estados Unidos y Canadá.

Sin embargo, es importante destacar, en particular para los casos de países de Sudamérica, que al interior de sus sistemas de investigación se observan escasas articulaciones entre los diferentes actores. Sus sistemas se integran por un conjunto de instituciones que operan con base a demandas preestablecidas y con el peso de la inercia impuesta por sus historias. En el mejor de los casos, tienen articulaciones parciales con otros pares del sistema, pero sin configurar tramas o redes que faciliten sinergias.

3.23 Innovaciones institucionales

Si bien, los cambios en el contexto no son iguales para los diferentes países, se pueden identificar un grupo de innovaciones que han ocurrido en el ámbito de los sistemas públicos de investigación.

3.23.1 Gobernabilidad y gestión

Uno de los hechos que parece ser muy evidente con respecto al nivel de involucramiento de los agricultores en la gestión de los organismos de investigación, en particular en los países desarrollados, se podría resumir claramente en la siguiente frase: "el que quiera tener influencia en las decisiones acerca de qué investigar, debe pagar".

A diferencia de lo que ocurre en Europa, donde se ha enfatizado en la generación de bienes públicos y por tanto se asume que un estilo de gobernabilidad donde influyan fuertemente los agricultores podría dificultar este enfoque público de la investigación, en Australia y Estados Unidos, la participación de los interesados ha recibido mayor atención.

Así, en el primer país el gobierno tiende a retirarse del financiamiento compartido de la investigación aplicada y deja la responsabilidad en mayor grado en los agricultores, en el segundo los agricultores influyen a través de los "fondos equiparados", aunque tiende a reducirse la participación del gobierno.

En el caso de los países de Sudamérica, la incorporación de la demanda al proceso de toma de decisiones de qué investigar, se ha llevado a cabo a través de la inclusión de diversos representantes de los actores de las cadenas a consejos asesores a nivel nacional y regional, pero sólo a nivel de consulta. En algunos casos, estos consejos tienen además facultades ejecutivas. Entre los principales desafíos que este esquema ha planteado destaca el de lograr la representatividad y la eficacia de sus consejos, así como incrementar la calidad técnica y gerencial de los representantes de los eslabones de las cadenas.

3.23.2 Fuentes de financiamiento

En lo que se refiere al financiamiento, los principales cambios se han dado en torno a tres elementos: (i) separación del financiamiento y la ejecución, (ii) fondos competidos o concursables, y (iii) modelos de co-financiamiento.

En lo que respecta al primer elemento, el caso australiano parece reflejar mejor el proceso de separación, pues "las organizaciones de productores deciden y los institutos de investigación ejecutan". En países como Estados Unidos, Holanda, Reino Unido y Suiza, existe cada vez mayor separación entre financiamiento y ejecución, pues por lo general los ministerios de agricultura o algún consejo definen el financiamiento según las prioridades nacionales. Todo parece indicar que esta separación funciona bien en sistemas pluralistas o competidos de investigación, es decir, donde existe gran diversidad de posibles ejecutores.

En cuanto al mecanismo de asignación del financiamiento, en los países anglosajones y en los de Sudamérica, en particular Argentina, Chile y Brasil, ha dominado la idea de que la calidad y sobre todo la pertinencia de la investigación es mejor cuando se introducen mecanismos de mercado a través de la modalidad de fondos competidos o concursables.

Sin embargo, en América Latina, sólo en Chile y México, se ha llevado hasta el extremo el mecanismo de fondos concursables como principal vía para financiar a los institutos públicos de investigación. Si bien esta modalidad ha resultado eficaz para promover nuevos temas o para inducir un cambio de orientación, se ha observado que tiende a desvalorizar las apuestas de largo plazo y los temas que son transversales a las cadenas, pero que son irrenunciables para cualquier país en la medida en que generan conocimientos que a futuro serán la base para la solución de problemas.

Finalmente, a excepción de Australia, en el resto de los países desarrollados no se han arraigado los modelos de co-financiamiento entre productores y gobierno. La tendencia en estos países consiste en dejar a los productores financiar lo que les interesa y concentrar la mayor proporción de los recursos públicos en la generación de bienes públicos.

En el caso de países como Colombia, Argentina y Uruguay se han creado mecanismos de financiamiento a través de tasas parafiscales. En el primer caso, caficultores y gobierno acordaron pagar una tasa fija por volumen comercializado con fines de investigación, mientras que en los otros dos casos el financiamiento que operan los organismos públicos de investigación se deriva de los recursos provenientes de una tasa impuesta al valor de las exportaciones o más recientemente a las importaciones agroalimentarias, en el caso argentino, o una tasa a las transacciones comerciales, en el caso uruguayo.

3.23.3 Vinculación con las universidades

Uno de los ejemplos más elocuentes de la necesidad de fortalecer los vínculos entre el sistema de educación y el de investigación lo constituye el caso estadounidense, toda vez que 73 % de las investigaciones que dan base a las patentes industriales se desarrollan en las universidades y en centros públicos de investigación, y tan sólo 27 % tiene su origen en centros de investigación privados (Sánchez, 2005).

Esta situación está ocurriendo en mayor medida en Holanda, Australia, Suiza y Reino Unido. En el caso particular del Reino Unido, la eficacia, a la par que la pertinencia de los organismos públicos de investigación, fue cuestionada, dando lugar al cierre de institutos y la reorientación del financiamiento a las universidades. Este proceso se ve reforzado por el creciente énfasis a la creación de conocimiento sobre la tecnología de uso inmediato, así como a la necesidad de eficientar los recursos públicos y favorecer la integración con disciplinas no agrícolas.

Sin embargo, en el caso de los países de Sudamérica las interacciones entre los institutos públicos de investigación con las universidades queda acotado a la formulación de planes nacionales o bien al surgimiento de acciones espontáneas, y frecuentemente informales, basados en la interacción individual. Así, lo que más bien prevalece es un sistema de universidades versus institutos nacionales de investigación agrícola (INIAs).

3.24 Estrategia

Los primeros conceptos de planeación y gestión estratégica se encuentran en el Antiguo Testamento y hasta su desarrollo por Homero y Eurípides, siempre fueron expresados en términos militares. La etimología misma de la palabra lo confirma y está relacionada con dirigir o liderar siempre en un contexto militar.

El concepto de estrategia en los campos militar y político ha sido comentado por escritores y pensadores como Shakespeare, Montesquieu, Kant, Mill, Hegel, Clausewitz, Hart, Moltek y Tolstoi y usados por personajes como Maquiavelo, Napoleón, Bismark, Hitler y Yamamoto (Bracker, 1980) y más recientemente por Powell, Schwarzkopf Franks (Clancy y Franks, 1997). De igual manera ha sido aplicado por innumerables dirigentes de organizaciones de todo tipo y en todo el globo terráqueo. Una de las primeras aplicaciones a los negocios aparece en Sócrates comparando los deberes de los militares con los líderes de los negocios.

Otro concepto de estrategia es el arte de dirigir las operaciones militares. Conjunto de las reglas que aseguran una decisión óptima en cada momento. El vocablo *strategos* inicialmente se refería a un nombramiento (del General en Jefe de un ejército), (Drucker, 1994). En la época de Pericles (450 a.c.) vino a explicitar habilidades administrativas (administración, liderazgo, oratoria, poder), (Drucker, 1994). Y en los tiempos de Alejandro de Macedonia (330 a.c.) el término hacía referencia a la habilidad para aplicar la fuerza, vencer al enemigo y crear un sistema unificado de gobierno (Drucker, 1994).

3.24.1 Planeación Industrial Estratégica

Hace 30 años, la "formulación de la estrategia" y la "planeación estratégica" eran expresiones que se utilizaban virtualmente como sinónimos. Era posible encontrar en casi todas las empresas de Fortune 500 procesos de planeación elaborados y respaldados por ejecutivos dedicados específicamente a ellos (Valdés, 2001).

El proceso de los conceptos estratégicos empleados brindaba un enfoque hacia el pensamiento estratégico. Pero la situación cambió: casi de la noche la mañana, la planeación estratégica dejó de tener prioridad se dijo que la culpable de los malos resultados corporativos de la erosión de la competitividad, de la falta de innovación y de la negativa a asumir riesgos era precisamente la planeación estratégica (Hofer y Dan 1997).

También se afirmó que la excesiva dependencia de los modelos de planeación simplistas y de las cifras producidas por ellos era otra causa importante del fracaso, y así fue como los ejecutivos comenzaron a liberarse de la andanada de formularios, gráficos, matrices y volúmenes de documentos sobre planeación (Lasserre, 2002). Lo interesante es que hoy el péndulo pareciera estar aproximándose una vez más a una planeación más formal. Si nuestro objetivo es entender la razón del cambio debemos regresar a unos años en la historia corporativa (Mintzberg, 1993).

3.24.2 Planeación Empresarial Estratégica

La competitividad al nivel de la empresa. La mejor forma de entender la competitividad al nivel de la empresa, de una manera muy simple es: un empresa es competitiva si es rentable, una empresa es competitiva cuando su costo promedio no excede el precio de mercado de su oferta de producto (Boxwell, 1995).

En una industria de productos homogéneos, una empresa deja de ser rentable cuando su costo promedio es mayor que el costo promedio de sus competidores, lo cual puede deberse a que su productividad sea menor, a que paga más por sus insumos, o ambas razones. Las causas de su baja productividad pueden ser la falta de eficiencia gerencial, la operación a una escala ineficiente o una combinación de ambas causas (Boxwell, 1995; Merigo, 2001).

La planeación supone un cierto grado de racionalidad, un dominio del análisis sistemático y un cierto nivel de certidumbre sobre el futuro que, con frecuencia carecen de garantías, se debe hablar de diseñar y no de planificar la estrategia, las estrategias son simultáneamente planes para el futuro y patrones del pasado, aunque no siempre son el resultado deliberado de un proceso de planificación único, sino que va emergiendo con el transcurso del tiempo (Mintzberg, 2003).

CAPÍTULO 4

METODOLOGÍA

4.1 Objeto de estudio

La cadena producción-consumo de la calabaza de castilla (Cucúrbita pepo L.) como un conjunto de acciones y actores que intervienen y se relacionan técnica y económicamente desde la actividad agrícola primaria hasta la oferta al consumidor final.

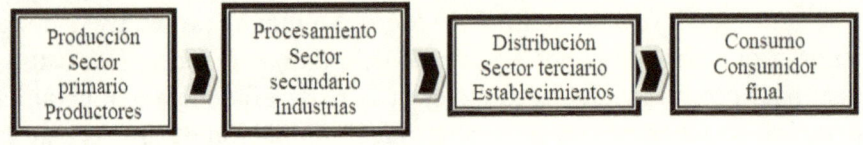

4.2 Identificación de la población a estudiar en el sector primario (Productores)

Basado de la fuente del Censo agropecuario 2005, los ejidatarios, comuneros y posesionarios (Tabla 14) del Estado de Tlaxcala de los municipios Ixtenco, Españita, Calpulalpan, Huamantla, Ixtacuixtla, Altzayanca, Cuapiaxtla, Tepetitla, Nativitas y Zitlaltepec. Tomando como referencia de 52,918 productores.

Tabla 14. Número de encuestas aplicadas en las diferentes regiones de estudio en Tlaxcala

Municipio	Media de superficie sembrada por municipio (hectáreas) 2004/07	% de siembra por municipio	Número de encuestas por Aplicar en los municipios
Ixtenco	31	4	15
Españita	84	11	42
Calpulalpan	67	9	34
Huamantla	75	10	38
Ixtacuixtla	133	17	65
Altzayanca	73	10	38
Cuapiaxtla	135	18	69
Tepetitla	80	10	38
Nativitas	62	8	31
Zitlaltepec	23	3	11
Total	762	100	381

Fuente: Elaboración propia de la investigación, 2009.

4.3 Identificación de la población a estudiar en el sector secundario (Industria)

Basado de la fuente del Estado de Tlaxcala, (Tabla 15) se estratifica 359 empresas de la siguiente manera. Conforme al directorio empresarial de la secretaría de desarrollo económico 2009. Tomando como referencia de 16 empresas.

Tabla 15. Número de encuetas aplicadas a la industria en los diferentes regiones de estudio en Tlaxcala

Sector/Rama	Micro	Pequeño	Mediana	Grande	Núm. de empresas
	74	16	16	3	
Textil	2	64	5	3	109
Confección Metal	25	29	5	0	74
mecánica Minerales	50	3	1	0	59
no metálicos Plásticos	1	1	4	1	54
Alimentos	1	3	1	2	7
Automotriz	0	1	4	3	7
Química	1	3	4	0	8
Comercializadora	2	0	1	0	8
Madera	1	5	0	0	3
Metal básica	1	3	1	1	6
Papel y celulosa	2	0	1	3	6
Agroindustrial	0	0	1	0	5
Petroquímica	0	0	3	1	1
Bebidas	2	0	0	1	4
Electrónica	0	0	0	2	3
Servicio	1	0	0	0	2
Cuero y piel	1	0	0	0	1
Total	164	128	47	20	1

4.4 Identificación de la población a estudiar en el sector terciario (Comercio)

Derivado de los rápidos procesos de industrialización, urbanización y crecimiento poblacional, se han incrementado en el municipio las unidades de comercio y abasto. Para el 2005, en el municipio existe un mercado municipal, un rastro municipal y un tianguis de 100 y más oferentes en el cual se realiza el intercambio comercial.

Por una parte de acuerdo al sistema de apoyo de abasto social por medio de DICONSA, se tiene un total de 28 tiendas que dan cobertura a un total de 39,841 personas. Por otra parte, LICONSA cuenta con un centro de distribución de leche fluida y tres puntos de venta de leche en polvo que benefician a 673 familias beneficiadas, atendiendo también a 1,036 menores de 12 años y 166 de la tercera edad con una dotación anual de 230,784 litros de leche reconstituida en polvo y fluida. Según el censo económico 2004 del INEGI, en 2003 se contaba en el municipio con 439 unidades comerciales que proporcionaban empleo a un total de 711 trabajadores.

4.5 Identificación de la población a estudiar de los consumidores

Tomado de la fuente del estimaciones del CONAPO con base en el II conteo de población y vivienda 2005 y encuesta nacional de ocupación y empleo 2005(IV Trimestre). Se tomaron (Tabla 16) los municipios con una población > a 32,341 siendo los siguientes: Apizaco, Calpulalpan, Chiautempan, Huamantla, Ixtacuixtla de Mariana de Matamoros, Contla de Juan Cuamatzi, San Pablo del Monte, Tlaxcala, Tlaxco y Zacatelco. Tomando como referencia de 362,970 habitantes.

Tabla 16. Información del número de encuetas aplicadas a los consumidores finales en los diferentes regiones de estudio en Tlaxcala

Entidad Federativa / Municipio	Población Total	Mujeres de 18 a 100 años	% de población por municipio > a 32,341 habitantes	Número de encuestas por aplicar en los municipios
Tlaxcala	1′068,207			
Apizaco	73,097	51,843	14	54
Calpulalpan	40,790	27,003	07	27
Chiautempan	63,300	43,558	12	46
Huamantla	77,076	49,527	14	54
Ixtacuixtla de Mariano Matamoros	32,574	22,427	6	23
Contla de Juan Cuamatzi	32,341	21,711	6	23
San Pablo del Monte	64,107	39,405	11	42
Tlaxcala	83,748	59,768	16	61
Tlaxco	36,506	23,331	6	23
Zacatelco	35,316	24,397	8	31
Total		362,970	100	384

Fuente: Estimaciones del CONAPO con base en el II Conteo de Población y Vivienda 2005 y Encuesta Nacional de Ocupación y Empleo 2005 (IV Trimestre).

4.6 Selección del tamaño de muestra de la cadena producción-consumo

Según Fisher (1990), para determinar una muestra primero se debe determinar cual es el universo que se va a estudiar, (Tabla 17) ya que de esto depende la fórmula que se aplicará en el estudio. El universo se clasifica en dos partes: finito o infinito. Se considera finito cuando el número de elementos que lo constituyen es menor que 500 000, e infinito cuando es mayor a 500 000 elementos.

La muestra en población infinita (más de 500,000 elementos)

$$n = \frac{o^2\, p\, q}{e^2}$$

o = Nivel de confianza
p = probabilidad de éxito
q = probabilidad de fracaso
n = tamaño de muestra
e = error de estimación

Fuente: Fischer de la Vega, Laura, Navarro Vega, Alma. Introducción a la Investigación de Mercados. (2ª ed. 1990). México. McGraw- Hill, p. 57

La muestra en poblaciones finitas (menor de 500,000 elementos)

$$n = \frac{o^2\, N\, p\, q}{e^2\,(N\text{-}1) + o^2\, p\, q}$$

o = Nivel de confianza
N = universo o población
p = probabilidad de éxito
q = probabilidad de fracaso
n = tamaño de muestra
e = error de estimación

Fuente: Fischer, Laura, y Navarro, Alma. Introducción a la Investigación de Mercados. (2ª ed. 1990). México. McGraw-Hill, p. 59

Tabla 17. Selección del tamaño de muestra de la cadena producción-consumo

Sector	Nivel de confianza	Error	N (Población)	n (Encuestas)
Primario			52,918	381
Secundario	95 %	5 %	16	15
Terciario			349	183
Consumidor			362,970	384

Fuente: Elaboración propia de la investigación, 2009.

4.7 Diagrama de flujo

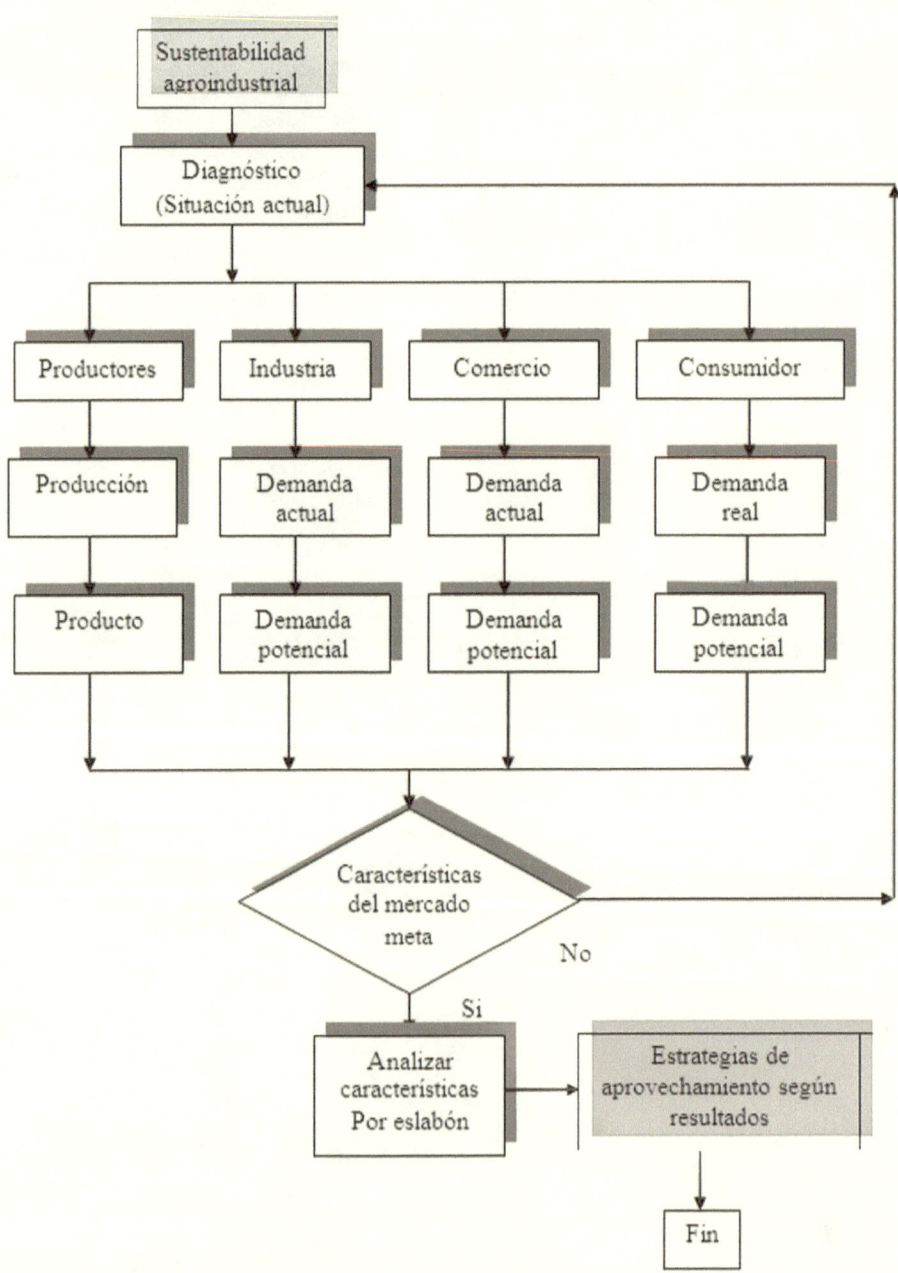

4.8 Hipótesis

Se describen las distintas hipótesis planteadas en el cuarto capítulo que ahora se desean contrastar. La formulación que se hace es genérica. A lo largo del análisis empírico quedan definidas las variables que servirán para particularizar las hipótesis que ahora se plantean.

Tabla 18. Hipótesis planteadas para el sector productor

No. de hipótesis	Hipótesis
H.1	Más del 80% de los productores estaría dispuesto a industrializar la pulpa de calabaza de castilla para darle valor agregado a su producción.
H.2	El promedio de pulpa de calabaza de castilla obtenida por hectárea está asociado con el destino final de ésta.
H.3	Existe asociación entre el municipio y el destino de la pulpa de calabaza de castilla.
H.4.1	Existe asociación entre el interés por industrializar la pulpa y la preferencia por el proceso de deshidratación para transformar la pulpa de calabaza de castilla.
H.4.2	Existe asociación entre el interés por industrializar la pulpa y la preferencia por el proceso de congelación para transformar la pulpa de calabaza de castilla.
H.4.3	Existe asociación entre el interés por industrializar la pulpa y la preferencia por transformar la pulpa de calabaza de castilla en mermelada.
H.4.4	Existe asociación entre el interés por industrializar la pulpa y la preferencia por transformar la pulpa de calabaza de castilla en salmuera.
H.4.5	Existe asociación entre el interés por industrializar la pulpa y la preferencia por transformar la pulpa de calabaza de castilla en dulces.
H.5	La forma en la que utiliza el productor la pulpa de la calabaza de castilla está asociada con el municipio de procedencia.
H.6	Existe asociación entre el promedio de pulpa de calabaza de castilla obtenida por hectárea y el interés por industrializarla.
H.7	La forma en la que utiliza el productor la pulpa de la calabaza de castilla está asociada con el interés por industrializar su pulpa.

H.8	El producto final sugerido para aprovechar la pulpa de la calabaza de castilla está asociado al promedio de pulpa de calabaza de castilla obtenida por hectárea.
H.9	El producto final sugerido para aprovechar la pulpa de la calabaza de castilla está relacionado con el nivel de estudios.
H.10	El interés por industrializar la pulpa depende del nivel de estudios del productor.
H.11	El producto final sugerido para aprovechar la pulpa de la calabaza de castilla está relacionado con el género del productor.
H.12	El interés por industrializar la pulpa de calabaza de castilla depende del género del productor.
H.13	El producto final sugerido para aprovechar la pulpa de la calabaza de castilla está relacionado con la edad del productor.
H.14	El interés por industrializar la pulpa depende de la edad del productor.

Tabla 19. Hipótesis planteadas para el sector de comerciantes

No. de hipótesis	Hipótesis
H.15	La comercialización de productos que contienen calabaza de castilla depende del tipo de establecimiento.
H.16	El deseo de diversificar la mercancía vendiendo otros productos que contengan calabaza de castilla está asociado con el tipo de establecimiento.
H.17	El deseo por diversificar la mercancía vendiendo otros productos que contengan calabaza de castilla está asociado con el género de los comerciantes.
H.18	El deseo por diversificar la mercancía vendiendo otros productos que contengan calabaza de castilla está asociado con la edad de los comerciantes.
H.19	El deseo por diversificar la mercancía vendiendo otros productos que contengan calabaza de castilla está asociado con el municipio de procedencia de los comerciantes.
H.20	Entre los comerciantes que desean diversificar la mercancía, la forma en que desean adquirir el producto depende del tipo de establecimiento que poseen.
H.21	Entre los comerciantes que desean diversificar la mercancía, el volumen de producto que desean adquirir depende del tipo de producto de calabaza de castilla.

H.22	Entre los comerciantes que desean diversificar la mercancía, la frecuencia con que comprarían el producto se asocia con el tipo de producto de calabaza de castilla.
H.23	Entre los comerciantes que desean diversificar la mercancía, el tipo de envase a elegir depende del tipo de producto de calabaza de castilla.
H.24	Entre los comerciantes que desean diversificar la mercancía, el contenido por envase está asociado al tipo de producto de calabaza de castilla.

Fuente: Elaboración propia de la investigación, 2009.

Tabla 20. Hipótesis planteadas para el sector de consumidores

No. de hipótesis	Hipótesis
H.25	Más del 50% de las mujeres han consumido calabaza de castilla.
H.26	A más del 50% de las mujeres que han consumido calabaza de castilla, les ha gustado.
H.27	El lugar donde se compraría el producto de calabaza de castilla, depende de la edad de las mujeres.
H.28	El lugar donde se compraría el producto de calabaza de castilla, depende del municipio de procedencia de las mujeres.
H.29	Existe asociación entre la edad de las mujeres y haber consumido productos de calabaza de castilla.
H.30	Existe asociación entre el municipio de procedencia de las mujeres y haber consumido productos de calabaza de castilla.
H.31	Existe asociación entre el nivel de estudios de las mujeres y haber consumido productos de calabaza de castilla.
H.32	Entre los consumidores, la aceptación (gusto) de productos de calabaza de castilla depende de la edad.
H.33	Entre los consumidores, la aceptación (gusto) de productos de calabaza de castilla depende del municipio de procedencia.
H.34	Entre los consumidores, existe asociación entre el nivel de estudios del consumidor y aceptación (gusto) por los productos de calabaza de castilla.
H.35	La frecuencia de consumo de productos de calabaza de castilla depende de la edad de las mujeres.
H.36	La frecuencia de consumo de productos de calabaza de castilla depende del municipio de procedencia de las mujeres.

H.37	Existe asociación entre el nivel de estudios de las mujeres y la frecuencia de consumo de productos de calabaza de castilla.

Fuente: Elaboración propia de la investigación, 2009.

4.9 Metodología del diseño de la investigación

La examinación de los objetivos planteados respecto a: 1) Medición del interés de los productores por industrializar, 2) Determinación del proceso de transformación de la calabaza por los productores, 3) Evaluación del tipo de productos que demandan o sugieren los productores, comerciantes y consumidores y 4) Análisis de las necesidades del mercado meta respecto a las características del producto, se llevó a cabo a través de una investigación transversal descriptiva. Un instrumento por medio de una entrevista personal fue aplicado a 381 productores, 183 comerciantes y 384 consumidores. Las preguntas realizadas en los cuestionarios que se encuentran en los anexos 1, 2, 3 y 4. Para los subsecuentes análisis se utilizan variables equivalentes a las preguntas establecidas en los cuestionarios (Tablas 21, 22 y 23), la escala definida para dichas variables se muestra en la Tabla 24. Es importante mencionar que en esta investigación, la escala likert es considerada como ordinal, las respuestas más positivas obtienen una mayor puntuación de 5 y las más negativas son codificadas con un valor de 1.

Tabla 21. Asignación de variables utilizadas en el análisis a las preguntas del cuestionario aplicado en las entrevistas a productores

Variable		Pregunta
Siembra	1	¿Siembra calabaza de castilla?
Superficie	2	¿Qué superficie siembra?
Aprovechamiento	3	¿Qué aprovecha de la calabaza de castilla?
Utilización de pulpa (productor)	4	¿Qué hace con la pulpa de la calabaza de castilla?
Promedio de pulpa obtenido	5	¿Qué promedio de pulpa de calabaza de castilla obtiene por hectárea?
Destino final de la pulpa	6	¿Cuál es el destino final de la pulpa de calabaza de castilla?
Utilización de pulpa (comprador)	7	¿Qué hace el comprador a la pulpa de calabaza de castilla?
Interés por industrializar	8	¿Estaría interesado en industrializar la pulpa de calabaza de castilla con el propósito de darle valor agregado a su producción?
Proceso de transformación preferido: 1) Deshidratación 2) Congelación 3) Mermelada 4) Salmuera 5) Dulces	9	Asigne del 1 al 5, por orden de preferencia qué proceso sería el ideal para transformar la pulpa de calabaza de castilla. (Siendo el No. 1 la de mayor interés y el 5, el menor interés)
Producto final sugerido	10	¿Qué producto final sugiere para aprovechar la pulpa de calabaza de castilla?
Aprovechamiento de pepita	11	Sí lo que aprovecha es la pepita. ¿Qué hace con ella?
Utilización de calabaza	12	Sí lo que aprovecha es la calabaza completa. ¿Cómo la utiliza?

Fuente: Elaboración propia de la investigación, 2009.

Tabla 22. Asignación de variables utilizadas en el análisis a las preguntas del cuestionario aplicado en las entrevistas a comerciantes

Variable		Pregunta
Establecimiento	1	¿Cuál es el tipo de establecimiento?
Comercialización de calabaza	2	¿Entre los productos que comercializa, alguno(s) contiene calabaza de castilla?
Productos con calabaza	3	¿Cuál o cuáles de los productos que comercializa contienen calabaza de castilla?
Aceptación del producto	4	¿Qué aceptación tiene el producto entre los consumidores?
Productos más aceptados	5	¿Cuáles productos son los más aceptados?
Interés por diversificar	6	¿Le gustaría diversificar su mercancía vendiendo otros productos que contengan calabaza de castilla?
Forma de adquisión del producto	7	¿En qué forma le gustaría adquirir el producto de calabaza de castilla?
Volumen de adquisición	8	Del producto que señalo ¿Cuál sería el volumen de adquisición del producto de calabaza de castilla?
Frecuencia de compra	9	Del producto que señalo ¿Con qué frecuencia compraría el producto de calabaza de castilla?
Tipo de envase	10	Del producto que señalo ¿En qué tipo de envase le gustaría adquirir el producto de calabaza de castilla?
Contenido del envase	11	Del producto que señalo ¿Qué contenido por envase le gustaría?
Características preferidas: 1) calidad, 2) precio, 3) marca, 4) sabor, 5) color	12	Asigne del 1 al 5, por orden de preferencia, lo que buscaría del producto de calabaza de castilla (Siendo el No. 1 la de mayor interés y el 5, el de menor interés)

Fuente: Elaboración propia de la investigación, 2009.

Tabla 23. Asignación de variables utilizadas en el análisis a las preguntas del cuestionario aplicado en las entrevistas a consumidores

Variable		Pregunta
Lugar	1	¿Dónde se aplicó la encuesta?
Consumo de calabaza	2	¿Ha consumido calabaza de castilla?
Aceptación	3	¿Le ha gustado?
Forma de consumo	4	¿En qué forma lo ha consumido?
Preferencia por producto: 1) sopa (cremas), 2) pan, 3) mermelada, 4) dulce, 5) yoghurt	5	¿Asigne del 1 al 5, por orden de preferencia, en qué productos le gustaría consumir calabaza de castilla. Siendo el No. 1 la de mayor interés y el 5, el de menor interés?
Frecuencia de consumo	6	¿Con qué frecuencia consumiría el producto de calabaza?
Características preferidas: 1) calidad, 2) precio, 3) marca, 4) sabor, 5) color	7	Asigne del 1 al 5, por orden de preferencia, lo que buscaría del producto de calabaza de castilla. (Siendo el No. 1 la de mayor interés y el 5, el de menor interés).
Tipo de envase	8	¿En qué tipo de envase le gustaría adquirir el producto de calabaza de castilla?
Contenido del envase	9	¿Qué contenido le gustaría?
Lugar de compra	10	¿Dónde le gustaría comprar, los productos derivados de calabaza de castilla?

Fuente: Elaboración propia de la investigación, 2009.

Tabla 24. Escala de las variables a ser utilizadas en el análisis

Productores		Comerciante		Consumidor	
Variable	Naturaleza	Variable	Naturaleza	Variable	Naturaleza
Siembra	Dicotómica	Establecimiento	Nominal	Lugar	Nominal
Superficie	Ordinal	Comercialización de calabaza	Dicotómica	Consumo de calabaza	Dicotómica
Aprovechamiento	Nominal	Productos con calabaza	Nominal	Aceptación	Dicotómica
Utilización de pulpa (productor)	Nominal	Aceptación del producto	Ordinal	Forma de consumo	Nominal

Promedio de pulpa obtenido	Ordinal	Productos más aceptados	Nominal	Preferencia por producto: 1) sopa (cremas), 2) pan, 3) mermelada, 4) dulce, 5) yoghurt	Ordinal
Destino final de la pulpa	Nominal	Interés por diversificar	Dicotómica	Frecuencia de consumo	Ordinal
Utilización de pulpa (comprador)	Nominal	Forma de adquisión del producto	Nominal	Características preferidas: 1) calidad, 2) precio, 3) marca, 4) sabor, 5) color	Ordinal
Interés por industrializar	Ordinal	Volumen de adquisición	Ordinal	Tipo de envase	Nominal
Proceso: 1) Deshidratación 2) Congelación 3) Mermelada 4) Salmuera 5) Dulces	Nominal	Frecuencia de compra	Ordinal	Contenido del envase	Ordinal
Producto final sugerido	Nominal	Tipo de envase	Nominal	Lugar de compra	Nominal
Aprovechamiento de pepita	Nominal	Contenido del envase	Ordinal	Género	Dicotómica
Utilización de calabaza	Nominal	Características preferidas: 1) calidad, 2) precio, 3) marca, 4) sabor, 5) color	Ordinal	Edad	Ordinal
Género	Dicotómica	Género	Dicotómica	Nivel de estudios	Ordinal
Edad	Ordinal	Edad	Ordinal	Municipio	Nominal
Nivel de estudios	Ordinal	Nivel de estudios	Ordinal		
Municipio	Nominal	Puesto	Ordinal		
		Municipio	Nominal		

Fuente: Elaboración propia de la investigación, 2009.

El análisis estadístico se realizó utilizando el software SPSS versión 15.0. A continuación se muestran las conclusiones del análisis descriptivo (distribución de frecuencias) resultado del sondeo aplicado a productores, comerciantes y consumidores. En el análisis se considera únicamente opiniones definidas, excluyendo aquellas que indican falta de conocimiento (neutrales), equivalentes a la categoría "no sé".

En las tablas 25, 26 y 27 se muestran las hipótesis a ser contrastadas para el sector productor, comercial y de consumidores respectivamente. Adicionalmente, se enuncia la técnica estadística a utilizar para el análisis.

Tabla 25. Técnica estadística utilizada para la examinación de las hipótesis planteadas para el sector productor

No. de hipótesis	Hipótesis	Técnica estadística utilizada	Variable dependiente	Variable independiente
H.1	Más del 80% de los productores estaría dispuesto a industrializar la pulpa de calabaza de castilla para darle valor agregado a su producción	Pruebas de hipótesis para la proporción binomial de una muestra	Interés por industrializar	
H.2	El promedio de pulpa de calabaza de castilla obtenida por hectárea está asociado con el destino final de ésta	Pruebas de hipótesis de asociación y medidas de asociación	Destino final de la pulpa	Promedio de pulpa obtenido
H.3	Existe asociación entre el municipio y el destino de la pulpa de calabaza de castilla	Pruebas de hipótesis de asociación y medidas de asociación	Destino final de la pulpa	Municipio
H.4.1	Existe asociación entre el interés por industrializar la pulpa y la preferencia por el proceso de deshidratación para transformar la pulpa de calabaza de castilla	Pruebas de hipótesis de asociación y medidas de asociación	Proceso preferido	Interés por industrializar

H.4.2	Existe asociación entre el interés por industrializar la pulpa y la preferencia por el proceso de congelación para transformar la pulpa de calabaza de castilla	Pruebas de hipótesis de asociación y medidas de asociación	Proceso preferido	Interés por industrializar
H.4.3	Existe asociación entre el interés por industrializar la pulpa y la preferencia por transformar la pulpa de calabaza de castilla en mermelada	Pruebas de hipótesis de asociación y medidas de asociación	Proceso preferido	Interés por industrializar
H.4.4	Existe asociación entre el interés por industrializar la pulpa y la preferencia por transformar la pulpa de calabaza de castilla en salmuera	Pruebas de hipótesis de asociación y medidas de asociación	Proceso preferido	Interés por industrializar
H.4.5	Existe asociación entre el interés por industrializar la pulpa y la preferencia por transformar la pulpa de calabaza de castilla en dulces	Pruebas de hipótesis de asociación y medidas de asociación	Proceso preferido	Interés por industrializar
H.5	La forma en la que utiliza el productor la pulpa de la calabaza de castilla está asociada con el municipio de procedencia	Pruebas de hipótesis de asociación y medidas de asociación	Utilización de la pulpa (productor)	Municipio
H.6	Existe asociación entre el promedio de pulpa de calabaza de castilla obtenida por hectárea y el interés por industrializarla	Pruebas de hipótesis de asociación y medidas de asociación	Interés por industrializar	Promedio de pulpa obtenido

H.7	La forma en la que utiliza el productor la pulpa de la calabaza de castilla está asociada con el interés por industrializar su pulpa	Pruebas de hipótesis de asociación y medidas de asociación	Interés por industrializar	Utilización de la pulpa (productor)
H.8	El producto final sugerido para aprovechar la pulpa de la calabaza de castilla está asociado al promedio de pulpa de calabaza de castilla obtenida por hectárea	Pruebas de hipótesis de asociación y medidas de asociación	Producto final sugerido	Promedio de pulpa obtenido
H.9	El producto final sugerido para aprovechar la pulpa de la calabaza de castilla está relacionado con el nivel de estudios	Pruebas de hipótesis de asociación y medidas de asociación	Producto final sugerido	Nivel de estudios
H.10	El interés por industrializar la pulpa depende del nivel de estudios del productor	Pruebas de hipótesis de asociación y medidas de asociación	Interés por industrializar	Estudios
H.11	El producto final sugerido para aprovechar la pulpa de la calabaza de castilla está relacionado con el género del productor	Pruebas de hipótesis de asociación y medidas de asociación	Producto final sugerido	Género
H.12	El interés por industrializar la pulpa de calabaza de castilla depende del género del productor	Pruebas de hipótesis de asociación y medidas de asociación		
	El producto final sugerido para aprovechar la pulpa de la calabaza de castilla está relacionado con la edad del productor	Pruebas de hipótesis de asociación y medidas de asociación	Producto final sugerido	Edad

| H.14 | El interés por industrializar la pulpa depende de la edad del productor | Pruebas de hipótesis de asociación y medidas de asociación | Interés por industrializar | Edad |

Tabla 26. Técnica estadística utilizada para la examinación de las hipótesis planteadas para el sector de comerciantes

No. de hipótesis	Hipótesis	Técnica estadística utilizada	Variable dependiente	Variable independiente
H.15	La comercialización de productos que contienen calabaza de castilla depende del tipo de establecimiento	Pruebas de hipótesis de asociación y medidas de asociación	Comercialización de calabaza	Establecimiento
H.16	El deseo de diversificar la mercancía vendiendo otros productos que contengan calabaza de castilla está asociado con el tipo de establecimiento	Pruebas de hipótesis de asociación y medidas de asociación	Interés por diversificar	Establecimiento
H.17	El deseo por diversificar la mercancía vendiendo otros productos que contengan calabaza de castilla está asociado con el género de los comerciantes	Pruebas de hipótesis de asociación y medidas de asociación	Interés por diversificar	Género
H.18	El deseo por diversificar la mercancía vendiendo otros productos que contengan calabaza de castilla está asociado con la edad de los comerciantes	Pruebas de hipótesis de asociación y medidas de asociación	Interés por diversificar	Edad

H.19	El deseo por diversificar la mercancía vendiendo otros productos que contengan calabaza de castilla está asociado con el municipio de procedencia de los comerciantes	Pruebas de hipótesis de asociación y medidas de asociación	Interés por diversificar	Municipio
H.20	Entre los comerciantes que desean diversificar la mercancía, la forma en que desean adquirir el producto depende del tipo de establecimiento que poseen	Pruebas de hipótesis de asociación y medidas de asociación	Forma de adquisición del producto	Establecimiento
H.21	Entre los comerciantes que desean diversificar la mercancía, el volumen de producto que desean adquirir depende del tipo de producto de calabaza de castilla	Pruebas de hipótesis de asociación y medidas de asociación	Volumen de adquisición	Forma de adquisición del producto
H.22	Entre los comerciantes que desean diversificar la mercancía, la frecuencia con que comprarían el producto se asocia con el tipo de producto de calabaza de castilla	Pruebas de hipótesis de asociación y medidas de asociación	Frecuencia de compra	Forma de adquisición del producto
H.23	Entre los comerciantes que desean diversificar la mercancía, el tipo de envase a elegir depende del tipo de producto de calabaza de castilla	Pruebas de hipótesis de asociación y medidas de asociación	Tipo de envase	Forma de adquisición del producto

H.24	Entre los comerciantes que desean diversificar la mercancía, el contenido por envase está asociado al tipo de producto de calabaza de castilla	Pruebas de hipótesis de asociación y medidas de asociación	Contenido del envase	Forma de adquisición del producto

Fuente: Elaboración propia de la investigación, 2009.

Tabla 27. Técnica estadística utilizada para la examinación de las hipótesis planteadas para el sector de consumidores potenciales

No. de hipótesis	Hipótesis	Técnica estadística utilizada	Variable dependiente	Variable independiente
H.25	Más del 50% de las mujeres han consumido calabaza de castilla	Pruebas de hipótesis para la proporción binomial de una muestra	Consumo de calabaza	
H.26	A más del 50% de las mujeres que han consumido calabaza de castilla, les ha gustado	Pruebas de hipótesis para la proporción binomial de una muestra	Aceptación	
H.27	El lugar donde se compraría el producto de calabaza de castilla, depende de la edad de las mujeres	Pruebas de hipótesis de asociación y medidas de asociación	Lugar de compra	Edad
H.28	El lugar donde se compraría el producto de calabaza de castilla, depende del municipio de procedencia de las mujeres	Pruebas de hipótesis de asociación y medidas de asociación	Lugar de compra	Municipio

H.29	Existe asociación entre la edad de las mujeres y haber consumido productos de calabaza de castilla	Pruebas de hipótesis de asociación y medidas de asociación	Consumo de calabaza	Edad
H.30	Existe asociación entre el municipio de procedencia de las mujeres y haber consumido productos de calabaza de castilla	Pruebas de hipótesis de asociación y medidas de asociación	Consumo de calabaza	Municipio
H.31	Existe asociación entre el nivel de estudios de las mujeres y haber consumido productos de calabaza de castilla	Pruebas de hipótesis de asociación y medidas de asociación	Consumo de calabaza	Nivel de estudios
H.32	Entre los consumidores, la aceptación (gusto) de productos de calabaza de castilla depende de la edad	Pruebas de hipótesis de asociación y medidas de asociación	Aceptación	Edad
H.33	Entre los consumidores, la aceptación (gusto) de productos de calabaza de castilla depende del municipio de procedencia	Pruebas de hipótesis de asociación y medidas de asociación	Aceptación	Municipio
H.34	Entre los consumidores, existe asociación entre el nivel de estudios del consumidor y aceptación (gusto) por los productos de calabaza de castilla	Pruebas de hipótesis de asociación y medidas de asociación	Aceptación	Nivel de estudios
H.35	La frecuencia de consumo de productos de calabaza de castilla depende de la edad de las mujeres	Pruebas de hipótesis de asociación y medidas de asociación	Frecuencia de consumo	Edad
H.36	La frecuencia de consumo de productos de calabaza de castilla depende del municipio de procedencia de las mujeres	Pruebas de hipótesis de asociación y medidas de asociación	Frecuencia de consumo	Municipio

H.37	Existe asociación entre el nivel de estudios de las mujeres y la frecuencia de consumo de productos de calabaza de castilla	Pruebas de hipótesis de asociación y medidas de asociación	Frecuencia de consumo	Nivel de estudios

Fuente: Elaboración propia de la investigación, 2009.

El utilizar la prueba para la proporción binomial de una muestra en esta investigación, tiene por objetivos: 1) Determinar el interés de los productores por la industrialización, 2) Estimar el porcentaje de demanda que ha existido en mujeres por productos de calabaza y 3) Determinar la aceptación que han tenido los productos de calabaza en las mujeres. El 100 % de los comerciantes entrevistados mostraron interés por diversificar la mercancía (Tabla 23), por lo tanto no es necesario estimar la demanda de los productos de calabaza en este sector.

La prueba para la proporción binomial de una muestra examina si la proporción de éxitos (categorías con respuesta positiva) en una variable categórica dicotómica difiere significativamente del valor hipotético. Se contrastará $H_0: p \quad p_0$ vs $H_1: p \quad p_0$, donde p es la proporción poblacional de casos (éxitos, respuesta afirmativa), asumiendo que la aproximación normal a una distribución binomial es válida (Rosner, 2006); p_0 es el valor hipotético establecido. La aproximación normal a una binomial es válida sólo sí $np_0 q_0$ es mayor o igual que 5 (Rosner, 2006), donde $H_0: p \quad p_0$, q_0 es el complemento de p_0, es decir, $(1-p_0)$ y n es el tamaño de la muestra. En SPSS versión 15.0 el contraste de dicha hipótesis proporciona un valor p bilateral considerando $H_1: p \quad p_0$, por lo tanto el valor p correspondiente cuando $H_1: p \quad p_0$, es 1-(valor p bilateral) anteriormente mencionado.

Por lo tanto, para el sector productor entrevistado, la variable *Interés por industrializar* se dicotomizó de la siguiente manera: a) 1, Probablemente no o definitivamente no y b) 2, definitivamente sí o probablemente si, se consideran únicamente aquellos individuos que están decididos. Para la muestra de consumidoras potenciales no es necesario dicotomizar las variables *consumo de calabaza* y *aceptación*.

Para determinar si la implementación de las estrategias para el aprovechamiento de la calabaza de castilla en el sector productor, comercial y de consumidores debe ser segmentada según edad, nivel de estudios, municipio de procedencia o tipo de establecimiento, se examinó la asociación de dichas variables con:

a) La opinión y características de los productores respecto a:

El producto final sugerido para aprovechar la pulpa de la calabaza de Castilla.
El interés por industrializar la pulpa de calabaza de Castilla.
La forma de utilizar la calabaza.

b) La opinión de los comerciantes en cuanto a:

Deseo de diversificar la mercancía.

c) La opinión y características de los consumidores referentes a:

Lugar de compra.
Consumo de productos.
Aceptación de productos.
Frecuencia de consumo.

De tal manera que la existencia y fuerza de las asociaciones serán evaluadas a través de: 1) Pruebas de hipótesis de asociación y 2) Coeficientes para medir la fuerza de la asociación. La prueba chi cuadrada de bondad de ajuste a una distribución uniforme es empleada para determinar la preferencia: 1) del proceso de transformación por los productores, 2) de las características que busca el comerciante y consumidor en el producto (calidad, precio, marca, sabor o color), 3) del producto sugerido por los consumidores (sopa, pan, mermelada, dulce, yoghurt) y 4) del tipo de envase y contenido sugerido por los consumidores y comerciantes. A continuación se define cada una de las técnicas estadísticas empleadas.

4.10 Pruebas de hipótesis de asociación

Los supuestos generales a cumplir en cualquier prueba de hipótesis, son: 1) muestra aleatoria, como en toda prueba de significancia si se tienen datos de la población, entonces cualquier diferencia en la tabla es real y por lo tanto significativa. Si la muestra no es aleatoria, la significancia no puede ser establecida; sin embargo, las pruebas de significancia algunas veces son utilizadas como exploración; 2) tamaño de muestra suficiente, no existe un punto de corte establecido, éste varía desde 50, o incluso, 20 sujetos (Garson, 2009a).

4.11 Prueba chi cuadrada de independencia—Prueba de hipótesis de asociación entre variables nominales

El estadístico chi cuadrada (chi cuadrada de pearson), utilizado para examinar independencia en tablas de contingencia I*J (Agresti, 2007), prueba la importancia estadística de la asociación observada entre las variables (Malhotra, 2004). La hipótesis nula (H0) establece que no hay asociación entre las variables (Malhotra, 2004). Los supuestos de la prueba chi cuadrada son: a) muestra aleatoria, como en toda prueba de hipótesis (Garson, 2009a), b) independencia de observaciones (Garson, 2009a); las observaciones no son independientes cuando el gran total es mayor que el número de sujetos, c) en tablas de 2*2 se requiere que todas las celdas tengan un valor esperado de 5 o más, el valor esperado en el 80% de las celdas en tablas más grandes, debe ser 5 o más pero no deben existir celdas con conteos (frecuencias observadas) igual a cero. Cuando este último supuesto no se cumple se implementa lo siguiente: 1) La corrección de Yates en tablas 2*2 y 2) La prueba exacta de Fisher en tablas I*J. (Garson, 2009a y Rosner, 2006). La corrección de Yates es un ajuste conservativo en el sentido de hacer más difícil el establecer significancia (Garson, 2009a). Algunos autores aplican la corrección de Yates a todas las tablas 2*2, porque ésta provee una mejor aproximación a la distribución binomial (Garson, 2009a).

4.12 Prueba exacta de Fisher de significancia para

tablas I*J—Prueba de hipótesis de asociación entre variables nominales

Cuando en una tabulación cruzada no se cumple el supuesto de los valores esperados en celdas de 5 o más para el cálculo del estadístico chi cuadrada, se utiliza la prueba exacta de Fisher (Garson, 2009a,b). La hipótesis nula establece que la distribución observada en la tabla no es diferente de la obtenida por azar (H0: la probabilidad de obtener una tabla tan fuerte como la observada o más fuerte debido al azar); donde "fuerte" se define como la proporción de casos en la diagonal de la tabla con más casos (Garson, 2009a). La prueba chi cuadrada y prueba exacta de Fisher sólo examinan la existencia de una relación entre datos categóricos (Malhotra, 2004). Para analizar la fuerza de dichas relaciones se utilizan medidas de correlación como el coeficiente de contingencia, coeficiente Phi o V de Cramer (Malhotra, 2004), su valor se encuentra en el rango de 1 a 0 (Garson, 2009c).

4.13 Coeficientes o medidas de asociación

Los coeficientes que miden la fuerza de la asociación entre variables, sólo serán interpretados cuando la asociación sea significativa (Malhotra, 2004).

4.14 Coeficiente phi o fi – Medida de la fuerza de asociación entre variables nominales

La fuerza de la relación medida por los coeficientes se interpreta como asociación (Garson, 2009c). Las medidas de asociación, a diferencia de significancia, no asumen una muestra aleatoria (Garson, 2009d).

Phi es una medida de asociación basada en la chi cuadrada (Garson, 2009c). El tamaño del coeficiente chi cuadrado depende de la fuerza de la relación y del tamaño de muestra, el coeficiente Phi elimina los efectos del tamaño de muestra (Garson, 2009c). Este último es una medida de la fuerza de asociación en el caso especial de una tabla con dos filas y dos columnas (tabla 2*2), para variables nominales. (Malhotra, 2004, Garson, 2009c), en tablas más grandes, phi puede ser mayor a 1, careciendo de una interpretación intuitiva simple, por tal razón phi sólo es utilizado en tablas de 2*2 (Garson, 2009c). Un valor de cero significa falta de asociación, cuando las variables están perfectamente asociadas phi asume un valor de 1 (Malhotra, 2004, Garson, 2009c). Los coeficientes que originalmente son destinados a variables de escala nominal, pueden ser calculados para datos ordinales o de mayor nivel. No obstante, medidas de asociación diseñadas para datos de un nivel mayor (ordinales) tienen un mayor poder, prefiriendo su uso (Garson, 2009c), cuando las escalas a analizar sean de un nivel distinto al nominal. Para variables ordinales phi puede variar entre -1 y 1, sin embargo, para variables nominales el signo es ignorado (Garson, 2009c).

4.15 V de Cramer – Medida de asociación entre variables nominales

V de Cramer es utilizado originalmente para estudiar la relación entre dos variables nominales (Garson, 2009c), aunque también pueden emplearse para examinar la asociación entre una variable nominal y una ordinal, cuando la tabla de contingencia es de al menos 2*3 (Fletcher et al., 2010). Un valor grande de V de Cramer indica el grado elevado de asociación, sin que señale cómo estén asociadas las variables (Malhotra, 2006). Dicho valor está acotado entre 0 y 1; la relación predictiva se define como relación perfecta (valor de 1) y la relación nula (valor de 0) se define como independencia estadística (Garson, 2009c). Para la interpretación del coeficiente, los intervalos propuestos por Davis (1971) para el análisis del coeficiente Gamma de Goodman-Kruskal serán utilizados.

4.16 Gamma de Goodman−Kruskal—Medida de asociación entre variables nominal—ordinal

El coeficiente de correlación no paramétrico Gamma de Goodman−Kruskal mide la relación bivariada entre una variable ordinal y una nominal (Richards et al., 2007). Gamma puede ser calculada aún cuando algunos conteos en las celdas sean bajos o cero (Garson, 2009), pero gamma no puede ser calculada si todos los casos están concentrados en una fila o en una columna (Garson, 2009). En principio, para el cálculo de dicho coeficiente los datos deben ser ordinales pero también puede ser utilizado con datos categorizados (Garson, 2009). Davis (1971) propuso los siguientes intervalos para su interpretación: 0.01 a 0.09 – asociación insignificante; 0.10 a 0.29 – asociación baja; 0.30 a 0.49 – asociación moderada; 0.50 a 0.69 – asociación substancial; 0.70 o mayor – asociación muy fuerte.

4.17 Tau c y b de Kendal – Medida de asociación entre variables ordinales

Tal como existen medidas para medir la fuerza de la asociación entre variables continuas y nominales, también existen para variables medidas en escala ordinal. Tau b es una estadístico de prueba que mide la asociación entre dos variables ordinales, con ajuste para empates y es más apropiada cuando la tabla de contingencia es cuadrada (Malhotra, 2004), Tau c es más apropiada cuando la tabla de contingencia es rectangular (Malhotra, 2004). El supuesto del estadístico Tau de Kendall radica en que los datos deben ser ordinales (Garson, 2009d); el valor de Tau de Kendall varía entre -1 y 1; una correlación positiva indica que los rangos se incrementan conjuntamente, y una correlación negativa indica que cuando el rango de una variable se incrementa el otro decrece.

4.18 Coeficiente de correlación Rho de Spearman – Medida de asociación entre variables ordinales

Rho de Spearman es la correlación más común utilizada cuando dos variables son ordinales o entre una variable ordinal y la otra de intervalo (Garson, 2009e). Es una medida de asociación bivariada de la relación entre dos variables (fuerza de la relación), es no paramétrica, por lo tanto no asume la distribución normal (Garson, 2009e). Este coeficiente varía entre -1 y 1, 0 indica no relación y 1 indica una relación perfecta (los rangos aumentan conjuntamente) (Garson, 2009e). Un valor de -1 corresponde a una relación negativa perfecta, es decir, cuando el rango de una variable se incrementa el otro decrece y viceversa (Garson, 2009e).

4.19 Prueba chi cuadrada de bondad de ajuste

Es utilizada para examinar si la distribución observada se ajusta a alguna distribución (por ejemplo: si la distribución observada no es significativamente diferente de la distribución uniforme) o de alguna otra basada en otra distribución conocida (por ejemplo, si la distribución observada no es significativamente diferente de una distribución conocida basada en datos de un censo) (Garson, 2009a).

4.20 Análisis de la demanda

El principal propósito que se persigue con el análisis de la demanda es determinar y medir cuáles son las fuerzas que afectan los requerimientos del mercado con respecto a un bien o servicio, así como determinar la posibilidad de participación del producto del proyecto en la satisfacción de dicha demanda. La demanda es función de una serie de factores, como son la necesidad real que se tiene del bien o servicio, su precio, el nivel de ingreso de la población y otros, por lo que en el estudio habrá que tomar en cuenta información proveniente de fuentes primarias (Baca, 2003).

CAPÍTULO 5

ANÁLISIS DE RESULTADOS

5.1 Resultados

5.1.1 Análisis descriptivo

Productores

La descripción de las características y opiniones de los 381 productores entrevistados se presentan en la tabla 28. La mayoría de los productores corresponden al sexo masculino (91.6%), más de la mitad son adultos de 50 años en adelante (71.4%) y el 60.9% no posee estudios. Una gran parte de los productores deja la pulpa de calabaza de castilla en el campo (63.3%), pero ninguno la comercializa. El proceso que se prefiere en primer lugar es la transformación de la pulpa de la calabaza en dulce (48.3%) y en segundo lugar la deshidratación (59.1%); el proceso que menos se prefiere es la salmuera (58.8%). La mayoría de los productores (85.8%) sugieren el producto alimenticio, como producto final para aprovechar la pulpa. El 94.8% de ellos comercializa la pepita y más de la mitad (57.2%) destina la calabaza a alimento para ganado.

Tabla 28. Distribución de frecuencias relativas de las características y opiniones de los productores (n=381)

Variable	Característica u opinión (%)				
Género	Masculino	Femenino			
	91.6	8.4			
Edad (años)	18 a 25	26 a 33	34 a 41	42 a 49	50 en adelante
	0.0	0.5	11.5	16.5	71.4

Nivel de estudios	Sin estudios	Primaria	Secundaria	Bachillerato	Licenciatura
	60.9	23.9	8.9	2.9	3.4
Municipio	Altzayanca	Cuapiaxtla	Huamantla	Ixtenco	Españita
	10.0	18.1	10.0	3.9	11.0
	Tepetitla	Calpulalpan	Ixtacuixtla	Nativitas	Zitlaltepec
	10.0	8.9	17.1	8.1	2.9
Superficie (Ha)	1 a 5	6 a 10	11 a 15	16 a 20	
	87.9	10.8	0.5	0.8	
Aprovechamiento	Pulpa	Pepita	Calabaza completa		
	0.0	61.2	38.8		
Utilización de pulpa (productor)	La deja en el campo	La regala	La comercializa	Autoconsumo	
	63.3	0.8	0.0	36.0	
Promedio de pulpa obtenido (Ton/ha)	1 a 5	6 a 10	11 a 15	16 a 20	
Destino final de la pulpa	Mercado local	Venta a menude	Autoconsumo	No sabe	
	0.0	3.9	48.0	48.0	
Utilización de pulpa (comprador)	Regeneración de suelos	Alimentos para animales	Productos de temporada	No sabe	
	0.0	30.4	5.5	64.0	
Interés por industrializar	Definitivamente no	Probablemente no	No estoy seguro	Probablemente sí	Definitivamente sí
	0.3	0.0	0.5	1.8	97.4
Orden de preferencia por proceso	5 (menos interés)	4	3	2	1 (mayor interés)
Deshidratación	0.0	0.0	0.0	59.1	40.9
Congelación	40.2	58.3	1.6	0.0	0.0
Mermelada	0.0	39.9	85.3	3.9	10.8
Salmuera	58.8	0.0	1.3	0.0	0.0
Dulces	1.0	1.8	11.8	37.0	48.3
Producto final sugerido	Alimenticio	Farmacéutico	Cosmético	Químico	
	85.8	9.2	2.6	2.4	
Aprovechamiento de pepita	Semilla	Pepitas tostadas	Dulce de pepita	La comercializa	
	5.2	0.0	0.0	94.8	
Utilización de calabaza	Venta a menudeo	Dulces	Productos de temporada	Alimento para ganado	
	30.2	4.5	8.1	57.2	

Fuente: Elaboración propia a partir de resultados emitidos por SPSS.

Casi todos los productores muestran un interés por industrializar la pulpa de la calabaza de Castilla para otorgarle valor agregado a su producción (99.2%) (Tabla 28). Por lo tanto, no es relevante contrastar las hipótesis H4.1, H4.2, H4.3, H4.4, H4.5, H.6, H.7, H.10, H.12, H.14, debido a que la mayor parte de la muestra está concentrada en una sola categoría de una de las variables a analizar. Por tal razón, en la tabla 29 se describen las características generales de los productores interesados en industrializar, correspondientes a dichas hipótesis. La mayoría de los productores corresponden al sexo masculino (92.3%), el 72% son adultos de 50 años o más. La mayoría de ellos (61.4%) no posee preparación académica, más de la mitad (63.8%) deja la pulpa de la calabaza de castilla en el campo, mientras que el resto la consume. Casi todos los productores entrevistados (88.6%) interesados en procesar la pulpa, obtienen en promedio entre 16 y 20 (Ton/ha) de pulpa.

Tabla 29. Distribución de frecuencias relativas de las características y opiniones de los productores interesados en industrializar la pulpa de la calabaza de castilla (n=379)

Variable	Característica u opinión (%)				
Género	Masculino 92.3	Femenino 7.7			
Edad (años)	18 a 25 0.0	26 a 33 0.5	34 a 41 11.6	42 a 49 15.9	50 en adelante 72.0
Nivel de estudios	Sin estudios 61.4	Primaria 23.3	Secundaria 9.0	Bachillerato 2.9	Licenciatura 3.4
Utilización de pulpa (productor)	La deja en el campo 63.8	La regala 0.0	La comercializa 0.0	Autoconsumo 36.2	
Promedio de pulpa obtenido (Ton/ha)	1 a 5 0.0	6 a 10 0.3	11 a 15 11.1	16 a 20 88.6	

Fuente: Elaboración propia a partir de resultados emitidos por SPSS.

Comerciantes

Una descripción de los 183 comerciantes entrevistados se presenta en la tabla 30. La mayoría de los comerciantes corresponden al sexo masculino (60.7%), más de la mitad (56.3%) tienen entre 18 y 33 años. El 56.3% es el encargado de los establecimientos, sólo 19.1% comercializa productos de calabaza, la mayoría desconoce si el producto es aceptado o no (86.3%). El 100% de los comerciantes está interesado en diversificar la mercancía, la mayoría prefiere adquirirlo en mermelada (53.4%) o deshidratado (39.2%). La característica que más buscan los comerciantes en el producto es la calidad (en primer lugar de preferencia con 51.19%) y la que menos es el precio (en quinto lugar de preferencia con, 51.37%).

Tabla 30. Distribución de frecuencias relativas de las características y opiniones de los comerciantes (n=183)

Variable	Característica u opinión (%)					
Género	Masculino	Femenino				
Edad (años)	18 a 25	26 a 33	34 a 41	42 a 49	50 en adelante	
	20.2	36.1	19.7	14.8	9.3	
Nivel de estudios	Primaria	Secundaria Bachillerato	Licenciatura			
	9.3	32.8	41.0	16.9		
Puesto	Encargado	Depto. de compras	Socio	Dueño		
	56.3	6.0	6.0	31.7		
Municipio	Tlaxcala	Apizaco	Huamantla	Ixtacuixtla	San Pablo del Monte	
	22.4	17.5	18.0	11.5	4.9	
			Zacatelco	Tlaxco	Contla de Juan Cuamatzi	
			7.7	7.1	10.9	
Establecimiento	Panadería	Tienda naturista	Restaurant	Cadena de supermercados	Abarrotes	
	21.9	8.7	26.2	2.2	18.6	
				Tortillería	Materias Primas	
				16.9	5.5	
Comercialización de calabaza	No	Sí				
	80.9	19.1				
Productos con calabaza	Limpieza	Naturista	Farmacéutico	Alimenticio	No contestó	
	1.6	4.4	0.0	7.7	86.3	
Aceptación del producto	Pésima	Mala	Regular	Buena	Excelente	No contestó
	0.0	1.1	7.7	4.9	0	86.3
Productos más aceptados	Sopa baja en calorías	Dulce bajo en calorías	Productos naturales	Productos de limpieza	No contestó	
	.6	4.4	6.6	1.1	86.3	

Interés por diversificar la mercancía	No	Sí			
	0.0	100.0			
Forma de adquisión del producto	Deshidratado en polvo	Congelado	Mermelada	Salmuera	Dulce
	39.3	3.8	51.4	2.7	2.7
Volumen de adquisición (kg.)	1 a 50	51 a 100	101 a 200	500 a 1000	
	66.1	26.8	7.1	0.0	
Frecuencia de compra	Mensual	Quincenal	Semanal	Diario	
	59.0	31.7	9.3	0.0	
Tipo de envase	Bolsa de plástico	Frasco de vidrio	Frasco de plástico	Cubeta de plástico	
	32.2	47.0	14.2	6.6	
Contenido del envase	250 grs.	500 grs.	1000 grs.	5 a 10 kg.	
	33.3	41.5	18.6	6.6	
	5 (menos interés)	4	3	2	1 (mayor interés)
Calidad	0.55	9.29	10.38	24.59	55.19
Precio	3.28	6.01	38.80	37.16	14.75
Marca	42.62	42.62	10.93	2.19	1.64
Sabor	2.19	7.65	29.51	33.33	27.32
Color	51.37	34.43	10.38	2.73	1.09

Fuente: Elaboración propia a partir de resultados emitidos por SPSS.

Consumidores

La descripción de las características y opiniones de las 384 consumidoras potenciales se presentan en la tabla 31. La mayoría de las mujeres presentan una edad entre 18 y 41 años (72.9%). El 50.5% de ellas posee preparatoria o licenciatura, la gran mayoría (80.2%) ha consumido productos de calabaza, más aún al 90.3% le ha gustado. El dulce cristalizado es la forma en que más se ha consumido la calabaza (50.5%). Respecto a las preferencias de las potenciales consumidoras, el dulce es el producto que ocupa el primer lugar (32.55%), la característica más deseada en un producto de calabaza es la marca (39.84%). La bolsa de plástico es el empaque recomendado para sopa y pan (45.6% y 98.2% respectivamente), el frasco de vidrio se sugiere para la mermelada y dulce (84.6% y 44.8% respectivamente), para el yogurt el envase de preferencia es el frasco de plástico (75.3%). Referente al contenido, para sopa, pan, dulce y yogurt se propone un empaque con 250 gramos (77.6%, 55.5% y 42.4%), para la mermelada se prefiere el envase con 500 gramos (56.8%). Los lugares en donde más se comprarían los productos de calabaza son en tiendas de abarrotes (41.1%) y tiendas de autoservicio (39.6%).

Tabla 31. Distribución de frecuencias relativas de las características y opiniones de los potenciales mujeres consumidoras (n=384)

Variable	Característica u opinión (%)					
Edad (años)	18 a 25	26 a 33	34 a 41	42 a 49	50 en adelante	
	21.1	25.5	26.3	16.1	10.9	
Nivel de estudios	Primaria	Secundaria	Bachillerato	Licenciatura		
	17.2	32.3	32,0	18.5		
Municipio	Apizaco	Calpulalpan	Chiautempan	Huamantla	Ixtacuixtla MM	Contla de Juan Cuamatzí
	14.1	7,0	12,0	14.1	6,0	6,0
			San Pablo del Monte	Tlaxcala	Tlaxco	Zacatelco
			10.9	15.9	6,0	8.1
Lugar	Supermercado	Vía publica	Mercado local	Casa habitación	Terminal	Parque
	10.7	30.2	14.1	36.7	3.6	4.7
Consumo de calabaza	No	Sí				
	19.8	80.2				
Aceptación (en aquellas que han consumido alguna vez)	No	Sí				
	9.7	90.				
Forma de consumo (en aquellas que han consumido alguna vez)	Dulce cristalizado	Pan	Mermelada	Sopa (crema)	Dulce con piloncill	
	50.5	2,0	12.4	16.9	18.2	
Preferencia por producto	5 (menos interés)	4	3	2	1 (mayor interés)	
Sopa (cremas)	29.95	17.97	16.15	10.16	25.78	
Pan	21.88	34.38	21.88	11.98	9.90	
Mermelada	6.25	10.68	17.97	40.89	24.22	
Dulce	11.20	14.32	19.01	22.92	32.55	
Yoghurt	30.73	22.66	25.00	14.06	7.55	
Frecuencia de consumo	Cada mes	Tres veces a la semana	Dos veces por semana	Una vez por semana	Diario	
	16.7	8.9	24.2	49.5	0.8	
Características preferidas	5 (menos interés)	4	3	2	1 (mayor interés)	
Calidad	32.55	23.96	20.05	13.80	9.64	

Precio	18.49	24.74	30.73	14.32	11.72
Marca	4.17	7.55	13.54	34.90	39.84
Sabor	42.97	30.99	17.19	7.55	1.30
Color	1.82	12.76	18.49	29.43	37.50
Tipo de envase	Bolsa de plástico	Frasco de vidrio	Frasco de plástico	Tetra-pack	
Sopa (crema)	45.6	9.4	6,0	39.1	
Pan	98.2	1,0	0.5	0.3	
Mermelada	6,0	84.6	8.3	1,0	
Dulce	35.9	44.8	16.7	2.6	
Yoghurt	3.6	9.6	75.3	11.5	
Contenido del envase	250 grs.	500 grs.	1000 grs.	5-10 kgs.	
Sopa (crema)	77.6	20.1	1.8	0.5	
Pan	55.5	40.4	3.6	0.5	
Mermelada	32.3	56.8	10.9	0,0	
Dulce	52.3	33.6	13.5	0.5	
Yoghurt	42.4	28.9	27.9	0.8	
Lugar de compra	Tiendas de autoservicio	Abarrotes	Distribución de materias primas	Tiendas naturistas	
	39.6	41.1	3.9	15.4	

Fuente: Elaboración propia a partir de resultados emitidos por SPSS.

5.1.2 Contraste de hipótesis

5.1.2.1 Pruebas de hipótesis para la proporción binomial de una muestra

Sector de productores

Para estimar el interés o demanda potencial que existe en los productores por industrializar la pulpa de calabaza de castilla con el propósito de darle valor agregado a su producción, se contrasta la hipótesis H.1, en donde p0 corresponde a 0.80 y por lo tanto q0 es 0.20. Con 379 productores que presentan una decisión definida (excluyendo la categoría "no estoy seguro"), se obtiene $n*p_0*q_0$ mayor a 5, por lo cual se cumple el supuesto de aproximación normal a una distribución binomial. Con un nivel de significancia del 1%, más del 80% de los productores está interesado en industrializar la pulpa de calabaza de castila (Tabla 32); es decir existe suficiente demanda o interés (más del 80%) por parte de los productores para procesar la pulpa.

Tabla 32. Resultados de la prueba binomial H_0: p <= 0.80 vs. H_1: p > 0.80, para productores

Hipótesis	Variable	No. De grupo	Grupo	n	Proporción observada	Valor p (H_1: p < 0.80) a	Valor p (H_1: p > 0.80) a
H.1	Interés por industrializar	1	Interés	378	1	0.000 (b)*	0.000 (b)*
		2	No interés	1	0		

a Examinación de la proporción del primer grupo, p=proporción del primer grupo

b Basado en la aproximación Z

* Significativa a un nivel alfa de 0.01

Sector de consumidores

Para explorar el porcentaje de mujeres que ha consumido productos de calabaza de castilla y su aceptación, se contrasta la hipótesis H.25 y H.26; en donde p_0 corresponde a .50 y por lo tanto, q_0 es .50. Para H.25, la muestra consiste de 384 potenciales consumidoras, con $n*p_0*q_0$ de 96 (mayor a 5), para H.26, la muestra es de 308 mujeres que han consumido los productos, con $n*p_0*q_0$ de 77 (mayor a 5), por lo cual, en ambas situaciones se cumple el supuesto de aproximación normal a una distribución binomial. Con un nivel de significancia del 1%, más del 50% de las mujeres han consumido productos de calabaza de castilla, además, a más del 50% les ha gustado el producto (Tabla 33), con lo cual se comprueba que ha existido suficiente demanda de productos de calabaza de castilla y a más de la mitad de las mujeres les han sido agradables al paladar.

Tabla 33. Resultados de la prueba binomial H$_0$: p <= 0.50 vs. H$_1$: p > 0.50 para el sector de consumidoras potenciales

Hipótesis	Variable	No. De grupo	Grupo	n	Proporción observada	Valor p (H$_1$: p < 0.50)a	Valor p (H$_1$: p > 0.50)a
H.25	Consumo de calabaza	1	Sí	308	0.8	0.000 (b)*	0.000 (b)*
		2	No	76	0.2		
H.26	Aceptación	1	Sí	278	0.9	0.000 (b)*	0.000 (b)*
		2	No	30	0.1		

a Examinación de la proporción del primer grupo, p=proporción del primer grupo b Basado en la aproximación Z
* Significativa a un nivel alfa de 0.01

Pruebas de hipótesis de asociación y medidas de asociación

5.1.2.2 Pruebas de hipótesis de asociación entre variables nominales

Sector de productores

En el Anexo I., las tablas 1 a 3 muestran celdas con conteos igual a cero (frecuencia observada), además en cada tabulación cruzada menos del 80% de las celdas presenta celdas con valores esperados de 5 o más (Tabla 34). Por lo tanto, el contraste de las hipótesis de asociación H.3 H.5 y H.11 realizado a través de la prueba exacta de Fisher de significancia para tablas I*J. A través de un ejemplo se enuncia la hipótesis nula de la prueba exacta de Fisher; para la H.3., en donde la variable independiente corresponde al *municipio de procedencia* de los productores y la variable dependiente al *destino final de la pulpa* (Tabla 5.5), la hipótesis nula corresponde a H$_0$: Las diferencias observadas entre los municipios respecto al destino de la pulpa de calabaza de castilla, se deben al azar. Al contrastar las hipótesis H.3, H.5 y H1, concluimos lo siguiente:

H.3 Existe asociación significativa moderada (V de cramer de 0.458, Tabla 34) al 99% de confianza entre el municipio de procedencia y destino final de la pulpa, es decir, de acuerdo al municipio de procedencia es el destino final que los productores asignan a la pulpa. El autoconsumo es significativamente el destino principal de la pulpa entre los productores de los diversos municipios, únicamente en Altzayanca (34.40% de sus productores) y Cuapiaxtla (6.50% de sus productores) un menor número de productores también venden la pulpa al menudeo (Anexo 1, tabla 1).

H.5 La utilización de pulpa (productor) está asociada significativamente de manera moderada (V de cramer de 0.439, Tabla 34) con el municipio de procedencia, con un nivel de confianza del 99%. Significativamente, la mayor parte de los productores en los diversos municipios deja la pulpa en el campo, excepto en los municipios de Calpulalpan e Ixtacuixtla (58.80% y 80.00% respectivamente), en donde la mayor parte de los productores autoconsume la pulpa, en escasos municipios los productores la regala (Anexo 1, tabla 2).

H.11 Existe una asociación baja (V de cramer 0.247, Tabla 34) significativa al 99% de confianza entre el producto final sugerido y el género. El producto final sugerido por la mayoría de los productores hombres (88.0%) y mujeres (62.50%) es el alimenticio, el producto final que menos se sugiere por los productores hombres es el cosmético (2.30%), ninguna mujer sugiere el producto químico (Anexo 1, tabla 3).

Tabla 34. Prueba de hipótesis de asociación entre variables nominales para el sector de productores

Hipótesis	Variable dependiente	Variable independiente	Chi cuadrada de Pearson	Valor p (2 colas)	Estadístico exacto de Fisher	Valor p exacto (2 colas)	Medida Phi	Sig. Aprox	V de Cramer	Sig. Aprox
H.3	Destino final de la pulpa	Municipio	41,460(a)	0.000+	27,272	0.000+	n/a	n/a	0.458	0.000+
H.5	Utilización de pulpa (productor)	Municipio	146,936(b)	0.000+	146,209	0.000+	n/a	n/a	0.439	0.000+
H.11	Producto final sugerido	Género	23,302(c)	0.000+	17,412	0.000+	n/a	n/a	0.247	0.000+

a 6 casillas (50,0%) tienen una frecuencia esperada inferior a 5. La frecuencia mínima esperada es 1,06.

b 11 casillas (36,7%) tienen una frecuencia esperada inferior a 5. La frecuencia mínima esperada es,09

c 3 casillas (37,5%) tienen una frecuencia esperada inferior a 5. La frecuencia mínima esperada es,76.

+ significativo a un nivel alfa de 0.01

n/a: no aplica

Sector de comerciantes

Las hipótesis H.16, H.17, H.18 y H.19 no serán contrastadas debido a que el 100% de los comerciantes desea diversificar la mercancía. En el Anexo 2, las tablas 2 y 3 muestran celdas con conteos igual a cero (frecuencia observada), además para las hipótesis H.15, H.20 y H.23 en las tabulaciones cruzadas menos del 80% de las celdas presentan celdas con valores esperados de 5 o más (Anexo 2, tablas 1 a 3) (Tabla 35). Por lo tanto, el contraste de dichas hipótesis de asociación es analizada a través de la prueba exacta de Fisher de significancia para tablas I*J. La hipótesis nula a establecer en la prueba de exacta de Fisher se explica con un ejemplo, tomando como referencia la hipótesis 15 (H.15), con variable independiente *establecimiento* y variable dependiente *comercialización de calabaza* (Tabla 26), la hipótesis nula es H0: Las diferencias observadas entre los tipos de establecimiento respecto a la comercialización de productos de calabaza de castilla, se deben al azar. Al contrastar las hipótesis H.15, H.20 y H.23, se concluye que:

H.15 Existe asociación significativa moderada (V de cramer de 0.372, (Tabla 35) al 99% de confianza entre el establecimiento y la comercialización de calabaza. Las cadenas de supermercados son las que de manera significativa más comercializan dichos producto, las panaderías, tiendas de abarrotes y tortillerías son las que menos lo comercializan (Tabla 1. Anexo 2).

H.20 La forma de adquisición del producto depende significativamente, aunque de manera moderada, del tipo de establecimiento, con un nivel de confianza del 99% (Tabla 35).Significativamente las tiendas naturistas, y tortillerías adquieren más el producto deshidratado en polvo, las panaderías, restaurantes y abarrotes consumen más la mermelada; las cadenas de supermercados adquieren mermelada y producto deshidratado (Tabla 2, Anexo 2).

H.23 Existe asociación moderada significativa al 5% entre la forma de adquisición del producto y el tipo de envase (Tabla 35). Entre los productos que se prefieren en bolsa de plástico se sugieren el deshidratado en polvo, congelado y el dulce, la mermelada y salmuera se prefieren en frasco de vidrio (Tabla 3, Anexo 2).

Tabla 35. *Prueba de hipótesis de asociación entre variables nominales para el sector de comerciantes*

Hipótesis	Variable dependiente	Variable independiente	Chi cuadrada de Pearson	Valor p (2 colas)	Estadístico exacto de Fisher	Valor p exacto (2 colas)	Medida Phi	Sig. Aprox	V de Cramer	Sig. Aprox	Tipo de asociación
	Comercialización de calabaza	Establecimiento	25,277(a)	0.000+	22.630	0.000+	n/a	n/a	0.372	0.000+	moderada
H.20	Forma de adquisición del producto	Establecimiento	82,471(b)	0.000+	82.570	0.000+	n/a	n/a	0.336	0.000+	moderada
H.23	Tipo de envase	Forma de adquisición del producto	77,793(c)	0.000+	83.474	0.000+	n/a	n/a	0.376	0.000+	moderada

a 4 casillas (28,6%) tienen una frecuencia esperada inferior a 5. La frecuencia mínima esperada es,77.

b 24 casillas (68,6%) tienen una frecuencia esperada inferior a 5. La frecuencia mínima esperada es,11.

c 13 casillas (65,0%) tienen una frecuencia esperada inferior a 5. La frecuencia mínima esperada es,33.

+ significativo a un nivel alfa de 0.01 n/a: no aplica

Sector de consumidores

En el Anexo 3., las tablas 1 a 3 muestran celdas con conteos igual a cero (frecuencia observada), además para las tabulaciones cruzadas correspondientes a las hipótesis H.28 y H.33, menos del 80% de las celdas presentan celdas con valores esperados de 5 o más (Anexo 2, tablas 1 a 3) (Tabla 36). Por lo tanto, la prueba exacta de Fisher de significancia para tablas I*J es utilizada para examinar las hipótesis de asociación (H.28, H.30 y H.33). Un ejemplo de la hipótesis nula para la prueba exacta de Fisher se establece con la hipótesis 25 (H.25). Para dicha hipótesis con variable independiente municipio y variable dependiente lugar de compra (Tabla 27), la hipótesis nula es H0: Las diferencias observadas entre los municipios de procedencia de las potenciales consumidoras respecto al lugar en donde compran los productos de calabaza de castilla, se deben al azar. Para las hipótesis H.28, H.30 y H.33, se concluye que:

H.28 Existe asociación significativa moderada (V de cramer de 0.372, (Tabla 36) con un alfa de 0.01 entre el municipio y el lugar de compra. Significativamente la mayor parte de los potenciales consumidores de los municipios de Apizaco, Chiautempan, Ixtacuixtla MM, San Pablo del Monte comprarían los productos de calabaza en tiendas de autoservicio, un mayor porcentaje de potenciales consumidores de los municipios de Calpulalpan, Huamantla, Contla de Juan Cuamatzí y Tlaxcala preferirían adquirir los productos en tiendas de abarrotes, en Tlaxco y Zacatelco los consumidores prefieren comprarlos en tiendas naturistas (Tabla 1. Anexo 3).

H.30. El consumo de calabaza de castilla depende moderadamente (V de cramer de 0.412) del municipio de procedencia de los potenciales consumidores, de manera significativa con un nivel de confianza del 99% (Tabla 36). En el municipio Contla de Juan Cuamatzí un mayor porcentaje (69.60%) de mujeres no ha consumido productos de calabaza de castilla, en San Pablo del Monte todas las mujeres entrevistadas han consumido productos de calabaza y en Chiautempan el 93.50% de ellas lo han hecho (Tabla 2, Anexo 3).

H. 33. La aceptación de los productos de calabaza de castilla no depende significativamente del municipio de procedencia de las consumidoras potenciales, con un alfa de 0.05 (Tabla 36).

Tabla 36. Prueba de hipótesis de asociación entre variables nominales para el sector de consumidores

Hipótesis	Variable dependiente	Variable independiente	Chi cuadrada de Pearson	Valor p (2 colas)	Estadístico exacto de Fisher	Valor p exacto (2 colas)	Medida Phi	Sig. Aprox	V de Cramer	Sig. Aprox	Tipo de asociación
H.28	Lugar de compra	Municipio	118,900(a)	0.000+	96.616	0.000+	n/a	n/a	0.321	0.000+	moderada
H.30	Consumo de calabaza	Municipio	65,199(b)	0.000+	59.927	0.000+	n/a	n/a	0.412	0.000+	moderada
H.33	Aceptación	Municipio	13,283(c)	0.150	11.099	0.201	n/a	n/a	0.208	0.144	baja

a 15 casillas (37,5%) tienen una frecuencia esperada inferior a 5. La frecuencia mínima esperada es,90.

b 3 casillas (15,0%) tienen una frecuencia esperada inferior a 5. La frecuencia mínima esperada es 4,55.

c 10 casillas (50,0%) tienen una frecuencia esperada inferior a 5. La frecuencia mínima esperada es,68.

+ significativo a un nivel alfa de 0.01

n/a: no aplica

5.1.2.3 Pruebas de hipótesis de asociación entre variables nominales ordinales

Sector de productores

Para examinar la relación entre las variables nominales y ordinales correspondiente a las hipótesis H.2, H.8, H.9 y H.12, el uso del coeficiente de correlación Gamma es válido al no estar todos los casos concentrados en alguna fila o columna de las tablas de contingencia correspondientes (Anexo I, tablas 3 a 6).

Al contrastar las hipótesis H.2, H.8, H.9 y H.13, concluimos lo siguiente:

H.2 No existe asociación significativa al 95% de confianza entre el destino final de la pulpa y promedio de pulpa obtenido (Tabla 37).

H.8 El producto final sugerido depende significativamente de manera moderada del promedio de pulpa obtenido, con un nivel de confianza del 95% (Tabla 37). Aquellos productores que obtienen menos cantidad de pulpa (6 a 10 Ton/ha) sugieren el producto alimenticio como producto final, aunque la mayoría de los productores que obtienen mayor cantidad de pulpa también sugieren en primer lugar dicho producto (Anexo 1, tabla 5). Los productores que obtienen entre 11 a 15 ton/ha de pulpa, no están interesados en el producto cosmético (sugerido únicamente por un 4.50% de ellos), aquellos que obtienen en promedio más pulpa (16 a 20 Ton/ha) no muestran interés por el producto químico (sugerido solamente por 1.50% de los productores) (Anexo 1, tabla 5).

H.9 No existe una asociación significativa baja con un nivel alfa de 0.05, entre el producto final sugerido y el nivel de estudios (Tabla 37). A excepción de los productores que estudiaron una licenciatura, todos los demás sugieren en primer lugar como producto final el alimenticio, los productores con un grado de licenciatura prefieren el producto farmacéutico (76.90%). Con excepción de los productores que sólo estudiaron hasta primaria, todos los demás no muestran preferencia por el producto químico (incluyendo a los que no tienen estudios).

H.13 El producto final sugerido no depende significativamente de la edad del productor, con un alfa de 0.05 (Tabla 37).

Tabla 37. *Prueba de hipótesis de asociación entre variables nominales-ordinales para el sector de productores*

Hipótesis	Variable dependiente	Variable independiente	Gamma de Godman y Kruskal	Valor p aproximado (2 colas)**	Interpretación de la asociación
H.2	Destino final de la pulpa	Promedio de pulpa obtenido	0.162	0.619	Baja
H.8	Producto final sugerido	Promedio de pulpa obtenido	-0.462	0.023*	Moderada
H.9	Producto final sugerido	Nivel de estudios	.199	0.058	Baja
	Producto final sugerido	Edad	0.060	0.676	Insignificante

* significativa con alfa de 0.05

** H0: no existe asociación entre variables

Sector de comerciantes

La H.16, H.17, H.18 y H.19 no será contrastada debido a que el 100% de los comerciantes desean diversificar la mercancía (Tabla 28).

Para el contraste de las hipótesis H.21, H.22 y H.24, se utiliza el coeficiente de correlación Gamma debido a que en las tabulaciones cruzadas no todos los casos se concentran en alguna fila o columna (Anexo 2, tablas 4 a 6). En el contraste de dichas hipótesis de asociación se concluye que:

H.21 No existe asociación significativa al 95% de confianza entre la forma de adquisición del producto y el volumen de adquisición (Tabla 38).

H.22 La frecuencia de compra no depende significativamente de la forma de adquisición del producto, con un nivel alfa de 0.05 (Tabla 38).

H.24. El contenido del envase no depende significativamente de la forma de adquisición del producto, con un alfa de 0.05 (Tabla 38). De manera significativa los comerciantes prefieren para la salmuera y el dulce envases de 250gramos; para la mermelada y deshidratado en polvo se sugieren empaques de 500 gramos; para el congelado el contenido del envase sugerido es de 1000 gramos (Anexo2, Tabla 6).

Tabla 38. Prueba de hipótesis de asociación entre variables nominales-ordinales para el sector de comerciantes

Hipótesis	Variable dependiente	Variable independiente	Gamma de Godman y Kruskal	Valor p aproximado (2 colas)**	Interpretación de la asociación
H.21	Volumen de adquisición	Forma de adquisición del producto	0.037	0.774	insignificante
H.22	Frecuencia de compra	Forma de adquisición del producto	0.211	0.085	baja
H.24	Contenido del envase	Forma de adquisición del producto	0.230	0,029	baja

* significativa con alfa de 0.05
** H0: no existe asociación entre variables

Sector de consumidores

El coeficiente de correlación Gamma se utiliza para examinar las hipótesis de asociación H.27, H.29, H.31, H.32, H.34 y H.36. El uso de dicho coeficiente es válido debido a que en las tablas de contingencia no todos los casos se concentran en alguna fila o columna (Anexo 3, tablas 4 a 9). Al contrastar cada hipótesis se obtienen los siguientes resultados:

H.27 No existe una asociación significativa (valor p de 0.059) entre la edad de las consumidoras potenciales y el lugar de compra (Tabla 39). Las tiendas de autoservicio son preferidas por la mayor parte de las consumidoras potenciales entre 18 a 25, 34 a 41 y 42 a 49 años, en su mayoría las consumidoras potenciales entre 26 a 33 años y de 50 años en adelante prefieren las tiendas de abarrotes (Anexo 3, Tabla 4).

H.29 El consumo de productos de calabaza depende significativamente (alfa de 0.05) de la edad de las consumidores potenciales, pero dicha asociación es baja (Tabla 39). Un mayor porcentaje de mujeres con más edad ha consumido productos de calabaza, las mujeres de 50 años en adelante son las que más han consumido dichos productos (el 90.50% de ellas), las que menos han consumido productos de calabaza son mujeres entre 26 y 33 años, pero un porcentaje significativo (72.40%) de ellas ya los han probado (Anexo 3, tabla 5).

H.31 No existe asociación significativa entre el consumo de calabaza y el nivel de estudios, con un alfa de 0.05 (Tabla 39).

H.32 La aceptación de productos de calabaza depende de manera moderada y significativa de la edad de las consumidoras (Tabla 39). El producto de calabaza es más aceptado entre las consumidoras de mayor edad, siendo las que más gustan de éste aquellas con edad entre 42 y 49 años (96.40%) (Anexo 3, tabla 7).

H.34 La aceptación de productos de calabaza de castilla no depende del nivel de estudios de manera significativa con un alfa de 0.05 (Tabla 39).

H.36 La frecuencia de consumo de productos de calabaza que se preferiría por las potenciales consumidoras, depende de manera significativa pero baja del municipio de procedencia, a un nivel alfa de 0.05 (Tabla 39). En casi todos los municipios un mayor porcentaje de consumidoras potenciales preferirían consumir los productos una vez por semana, con excepción del municipio de Contla de Juan Cuamatzí, en donde se prefiere consumir dos veces por semana (Anexo 3, tabla 9), lo cual demuestra una suficiente demanda del producto.

Tabla 39. Prueba de hipótesis de asociación entre variables nominales-ordinales para el sector de consumidores potenciales

Hipótesis	Variable dependiente	Variable independiente	Gamma de Godman y Kruskal	Valor p aproximado (2 colas)**	Interpretación de la asociación
	Lugar de compra	Edad	-0.113	0.059	baja
H.29	Consumo de calabaza	Edad	0.214	0,013*+	baja
H.31	Consumo de calabaza	Nivel de estudios	0.151	0.093	baja
H.32	Aceptación	Edad	0.386	0,010*+	moderada
H.34	Aceptación	Nivel de estudios	-0.108	0.456	baja
H.36	Frecuencia de consumo	Municipio	0.141	0,010*+	baja

* significativa con alfa de 0.05
+ significativa con alfa de 0.01
** H0: no existe asociación entre variables

5.1.2.4 Pruebas de hipótesis de asociación entre variables ordinales

Sector de consumidores

El coeficiente Tau de kendall se utiliza para examinar la fuerza de la asociación en las hipótesis H.35 y H.37. Sin embargo, para determinar la dirección de dichas asociaciones se analiza el coeficiente de correlación Rho de Spearman. Al contrastar cada hipótesis se obtienen los siguientes resultados:

H.35 No existe asociación significativa con un nivel alfa de 0.05 entre la edad y la frecuencia de consumo (Tabla 40).

H.37 La frecuencia de consumo no depende del nivel de estudios de manera significativa a un nivel alfa de 0.05 (Tabla 40).

Tabla 40. Prueba de hipótesis de asociación entre variables ordinales para el sector de potenciales consumidoras

Hipótesis	Variable dependiente	Variable independiente	Tau b	Valor p aproximado (2 colas)	Interpretación	Rho de Spearman	Valor p aproximado (2 colas)	Interpretación
H.35	Frecuencia de consumo	Edad	-0.034	0.453	insignificante	-0.039	0.442	insignificante
			Tau b	Valor p aproximado (2 colas)	Interpretación	Rho de Spearman	Valor p aproximado (2 colas)	Interpretación
	Frecuencia de consumo	Nivel de estudios	0.062	0.131	insignificante	0.079	0.121	insignificante

* significativo con alfa de 0.05

5.1.2.5 Prueba Chi cuadrada de bondad de ajuste—ajuste a una distribución uniforme

Sector de productores

Para determinar en aquellos productores interesados el grado de preferencia por cada proceso de transformación de la pulpa, se empleó la prueba chi cuadrada de bondad ajuste, particularmente a una distribución uniforme. La hipótesis nula es: H0: la distribución de la variable no es significativamente diferente a la distribución uniforme (por ejemplo, la distribución observada de la variable primer lugar de preferencia no es significativamentediferente a la distribución uniforme). En la tabla 41, se observa que para cada variable de lugar de preferencia la prueba chi cuadrada de bondad de ajuste a una distribución uniforme es significativa, por lo tanto las distribuciones son diferentes de ésta con una confianza del 99%. Es decir, los productores interesados en industrializar, presentan significativamente una mayor preferencia por el proceso de transformar en dulce (primer lugar), en segundo lugar prefieren significativamente procesar la pulpa, el proceso de deshidratación, el proceso de mermelada representa de manera significativa el tercer lugar, el cuarto lugar lo ocupa en opinión de los productores y de manera significativa la congelación, el proceso de transformación que menos prefieren los productores interesados es la salmuera (Tabla 41).

Tabla 41. Prueba chi cuadrada de bondad de ajuste a una distribución uniforme para el sector productor, n = 378

	Lugar de preferencia				
	n observada / n esperada				
Variable	1er	2do	3er	4to	5to
Deshidratación	155 / 126	223 / 126	-	-	-
Congelación	-	-	5 / 94.3	221 / 126	152 / 126
Mermelada	40 / 126	14 / 126	324 / 94.3	-	-
Salmuera	-	-	5 / 94.3	150 / 126	223 / 126
Dulce	183 / 126	141 / 126	44 / 94.3	7 / 126	3 / 126
Chi cuadrada	91.159	176.016	753.873	189.587	200.111
Valor p (2 colas)	0.000*	0.000*	0.000*	0.000*	0.000*

* significativa con alfa de 0.01

Sector de comerciantes

Para determinar las características más deseadas por los comerciantes en los productos de calabaza de castilla, se empleó la prueba chi cuadrada de bondad ajuste, particularmente a una distribución uniforme. En la tabla 42, se observa que para cada variable de lugar de preferencia referente a las características de los productos, la prueba chi cuadrada de bondad de ajuste a una distribución uniforme es significativa las distribuciones son diferentes de ésta con una confianza del 99%. La característica que más desean los comerciantes en los productos de calabaza es la calidad, en segundo y tercer lugar solicitan lo referente al precio, en cuarto lugar la marca, el color es la característica que menos interesa a los comerciantes (Tabla 42).

Tabla 42. Prueba chi cuadrada de bondad de ajuste a una distribución uniforme, para características preferidas en un producto por los consumidores, n= 183

Variable dependiente	Lugar de preferencia				
	n observada / n esperada				
	1er	*2do*	*3er*	*4to*	*5to*
Calidad	101 / 36,6	45 / 36,6	19 / 36,6	17 / 36,6	1 / 36,6
Precio	27 / 36,6	68 / 36,6	71 / 36,6	11 / 36,6	6 / 36,6
Marca	3 / 36,6	4 / 36,6	20 / 36,6	78 / 36,6	78 / 36,6
Sabor	50 / 36,6	61 / 36,6	54 / 36,6	14 / 36,6	4 / 36,6
Color	2 / 36,6	5 / 36,6	19 / 36,6	63 / 36,6	94 / 36,6
Chi cuadrada	184,295	101,454	65,06	108,23	226,098
Valor p (2 colas)	0.000*	0.000*	0.000*	0.000*	0.000*

* significativa con alfa de 0.01

Sector de consumidores

Para determinar el grado de preferencia de los consumidores por: a) productos a consumir, b) características generales del producto, c) tipo de envase y d) contenido, se empleó la prueba chi cuadrada de bondad ajuste, particularmente a una distribución uniforme. En la tabla 43 se observa que para cada variable de lugar de preferencia respecto a los productos, la prueba chi cuadrada de bondad de ajuste a una distribución uniforme es significativa, por lo tanto las distribuciones son diferentes de ésta con una confianza del 99%, excepto para el tercer lugar de preferencia. Sin embargo, dicha variable es marginalmente significativa con un alfa de 0.05, puede concluirse que su distribución es diferente de la uniforme (Tabla 43). Las consumidoras potenciales preferirían degustar en primer lugar el dulce, en segundo lugar prefieren la mermelada, el cuanto al yogurt algunas lo prefieren en tercer lugar otras en quinto, con un mayor porcentaje en el último lugar (30.73%), el pan es uno de los menos sugeridos por las consumidoras (Tabla 43).

Tabla 43. Prueba chi cuadrada de bondad de ajuste a una distribución uniforme en las potenciales consumidoras, para la preferencia de productos a consumir n = 384

	Lugar de preferencia				
	n observada / n esperada				
Variable	1er	2do	3er	4to	5to
Sopa (crema)	99 / 76.8	39 / 76.8	62 / 76.8	69 / 76.8	115 / 76.8
Pan	38 / 76.8	46 / 76.8	84 / 76.8	132 / 76.8	84 / 76.8
Mermelada	93 / 76.8	157 / 76.	69 / 76.8	41 / 76.8	24 / 76.8
Dulce	125 / 76.8	88 / 76.8	73 / 76.8	55 / 76.8	43 / 76.8
Yoghurt	29 / 76.8	54 / 76.8	96 / 76.8	87 / 76.8	118 / 76.8
Chi cuadrada	89,438	123,109	9,307	64,698	92,953
Valor p (2 colas)	0.000*	0.000*	0.054	0.000*	0.000*

* significativa con alfa de 0.01

En la tabla 44, para cada variable de lugar de preferencia respecto a las características deseadas en los productos, las distribuciones son diferentes de la uniforme con un alfa de 0.01 (Tabla 44). La característica que más valoran las consumidoras potenciales en los productos de calabaza es la marca (primer y segundo lugar de preferencia), las mujeres buscan en tercer lugar en un producto de calabaza el precio, lo que menos interesa a las consumidoras en los productos es el sabor y el precio (cuarto y quinto lugar respectivamente) (Tabla 44).

En las tablas 45 y 46, se observa que para: 1) la distribución del tipo de envase y 2) la distribución del contenido del envase para cada producto, la prueba chi cuadrada de bondad de ajuste a una distribución uniforme es significativa, por lo tanto las distribuciones son diferentes de ésta con una confianza del 99%. Es decir, en las consumidores potenciales la preferencia de tipo de envase por producto es la siguiente: a) para sopas y pan la bolsa de plástico, b) para mermelada el frasco de vidrio, c) para dulce el frasco de vidrio y d) para yogurt el frasco de plástico (Tabla 45). El contenido del envase por producto, sugerido por las potenciales consumidoras es el siguiente: a) para sopas, pan, dulce y yogurt un contenido de 250 gramos y para mermelada 500 gramos (Tabla 46).

Tabla 44. Prueba chi cuadrada de bondad de ajuste a una distribución uniforme en las potenciales consumidoras, para las características preferidas en los productos a consumir n = 384

	Lugar de preferencia				
Variable	*n observada / n esperada*				
	1er	*2do*	*3er*	*4to*	*5to*
Calidad	37 / 76.8	53 / 76.8	77 / 76.8	92 / 76.8	125 / 76.8
Precio	45	55 / 76.8	118 / 76.8	95 / 76.8	71 / 76.8
Marca	153 / 76.8	134 / 76.8	52 / 76.8	29 / 76.8	16 / 76.8
Sabor	5 / 76.8	29 / 76.8	66 / 76.8	119 / 76.8	165 / 76.8
Color	144 / 76.8	113 / 76.8	71 / 76.8	49 / 76.8	7 / 76.8
Chi cuadrada	235.323	102.979	32.068	70.323	243.552
Valor p (2 colas)	0.000*	0.000*	0.000*	0.000*	0.000*

* significativa con alfa de 0.01

Tabla 45. Prueba chi cuadrada de bondad de ajuste a una distribución uniforme para la preferencia del tipo de envase en las potenciales consumidoras, n = 384

Producto	Tipo de envase (n observada / n esperada)				Chi cuadrada	Valor p (2 colas)
	Bolsa de plástico	Frasco de vidrio	Frasco de plástico	Tetra-Pak		
Sopa	175 / 96	36 / 96	23 / 96	150 / 96	188.396	0.000*
Pan	377 / 96	4 / 96	2 / 96	1 / 96	1096.729	0.000*
Mermelada	23 / 96	325 / 96	32 / 96	4 / 96	732.604	0.000*
Dulce	138 / 96	172 / 96	64 / 96	10 / 96	166.25	0.000*
Yoghurt	14 / 96	37 / 96	289 / 96	44 / 96	522.479	0.000*

* significativa con alfa de 0.01

Tabla 46. Prueba chi cuadrada de bondad de ajuste a una distribución uniforme para la preferencia del contenido del envase en las potenciales consumidoras, n = 384

Producto	Contenido del envase (n observada / n esperada)				Chi cuadrada	Valor p (2 colas)
	250 grs.	500 grs.	1000 grs.	5-10 Kgs		
Sopa	298 / 96	77 / 96	7 / 96	2 / 96	603.354	0.000*
Pan	213 / 96	155 / 96	14 / 96	2 / 96	340.938	0.000*
Mermelada	124 / 128	218 / 128	42 / 128	-	121.188	0.000*
Dulce	201 / 96	129 / 96	52 / 96	2 / 96	238.396	0.000*
Yoghurt	163 / 96	111 / 96	107 / 96	3 / 96	140.458	0.000*

* significativa con alfa de 0.01

Tabla 47. Conclusión de las hipótesis planteadas para el sector productor

No. de hipótesis	Hipótesis	Conclusión
H.1	Más del 80% de los productores estaría dispuesto a industrializar la pulpa de calabaza de castilla para darle valor agregado a su producción No se rechaza	No se rechaza
H.2	El promedio de pulpa de calabaza de castilla obtenida por hectárea está asociado con el destino final de ésta	Se rechaza
H.3	Existe asociación entre el municipio y el destino de la pulpa de calabaza de castilla	No se rechaza
H.4.1	Existe asociación entre el interés por industrializar la pulpa y la preferencia por el proceso de deshidratación para transformar la pulpa de calabaza de castilla	No se comprobó
H.4.2	Existe asociación entre el interés por industrializar la pulpa y la preferencia por el proceso de congelación para transformar la pulpa de calabaza de castilla	No se comprobó
H.4.3	Existe asociación entre el interés por industrializar la pulpa y la preferencia por transformar la pulpa de calabaza de castilla en mermelada	No se comprobó
H.4.4	Existe asociación entre el interés por industrializar la pulpa y la preferencia por transformar la pulpa de calabaza de castilla en salmuera	No se comprobó
H.4.5	Existe asociación entre el interés por industrializar la pulpa y la preferencia por transformar la pulpa de calabaza de castilla en dulces	No se comprobó
H.5	La forma en la que utiliza el productor la pulpa de la calabaza de castilla está asociada con el municipio de procedencia	No se rechaza
H.6	Existe asociación entre el promedio de pulpa de calabaza de castilla obtenida por hectárea y el interés por industrializarla	No se comprobó
H.7	La forma en la que utiliza el productor la pulpa de la calabaza de castilla está asociada	No se comprobó
H.8	El producto final sugerido para aprovechar la pulpa de la calabaza de castilla está asociado al promedio de pulpa de calabaza de castilla obtenida por hectárea	No se rechaza
H.9	El producto final sugerido para aprovechar la pulpa de la calabaza de castilla está relacionado con el nivel de estudios	Se rechaza
H.10	El interés por industrializar la pulpa depende del nivel de estudios del productor	No se comprobó

H.11	El producto final sugerido para aprovechar la pulpa de la calabaza de castilla está relacionado con el género del productor	No se rechaza
H.12	El interés por industrializar la pulpa de calabaza de castilla depende del género del productor	No se comprobó
H.13	El producto final sugerido para aprovechar la pulpa de la calabaza de castilla está relacionado con la edad del productor	Se rechaza
H.14	El interés por industrializar la pulpa depende de la edad del productor	No se comprobó

Fuente: Elaboración propia a partir de resultados emitidos por SPSS.

Tabla 48. Conclusión de las hipótesis planteadas para el sector de comerciantes

No. de hipótesis	Hipótesis	Conclusión
H.15	La comercialización de productos que contienen calabaza de castilla depende del tipo de establecimiento	No se rechaza
H.16	El deseo de diversificar la mercancía vendiendo otros productos que contengan calabaza de castilla está asociado con el tipo de establecimiento	No se comprobó
H.17	El deseo por diversificar la mercancía vendiendo otros productos que contengan calabaza de castilla está asociado con el género de los comerciantes	No se comprobó
H.18	El deseo por diversificar la mercancía vendiendo otros productos que contengan calabaza de castilla está asociado con la edad de los comerciantes	No se comprobó
H.19	El deseo por diversificar la mercancía vendiendo otros productos que contengan calabaza de castilla está asociado con el municipio de procedencia de los comerciantes	No se comprobó
H.20	Entre los comerciantes que desean diversificar la mercancía, la forma en que desean adquirir el producto depende del tipo de establecimiento que poseen	No se rechaza
H.21	Entre los comerciantes que desean diversificar la mercancía, el volumen de producto que desean adquirir depende del tipo de producto de calabaza de castilla	Se rechaza

168

H.22	Entre los comerciantes que desean diversificar la mercancía, la frecuencia con que comprarían el producto se asocia con el tipo de producto de calabaza de castilla	Se rechaza
H.23	Entre los comerciantes que desean diversificar la mercancía, el tipo de envase a elegir depende del tipo de producto de calabaza de castilla	No se rechaza
H.24	Entre los comerciantes que desean diversificar la mercancía, el contenido por envase está asociado al tipo de producto de calabaza de castilla	Se rechaza

Fuente: Elaboración propia a partir de resultados emitidos por SPSS.

Tabla 49. Conclusión para las hipótesis planteadas para el sector de consumidores

No. de hipótesis	Hipótesis	Conclusión
H.25	Más del 50% de las mujeres han consumido calabaza de castilla	No se rechaza
H.26	A más del 50% de las mujeres que han consumido calabaza de castilla, les gustado	No se rechaza
H.27	El lugar donde se compraría el producto de calabaza de castilla, depende de la ed ad de las mujeres	Se rechaza
H.28	El lugar donde se compraría el producto de calabaza de castilla, depende municipio del de procedencia de las mujeres	No se rechaza
H.29	Existe asociación entre la edad de las mujeres y haber consumido productos de calabaza de castilla	No se rechaza
H.30	Existe asociación entre el municipio de procedencia de las mujeres y hab de consumido productos de calabaza de castilla	No se rechaza
H.31	Existe asociación entre el nivel de estudios de las mujeres y haber consumi do productos de calabaza de castilla	Se rechaza
H.32	Entre los consumidores, la aceptación (gusto) de productos de calabaza de casti lla depende de la edad	No se rechaza
H.33	Entre los consumidores, la aceptación (gusto) de productos de calabaza de casti lla depende del municipio de procedencia	Se rechaza
H.34	Entre los consumidores, existe asociación entre el nivel de estudios del consumidor y aceptación (gusto) por los productos de calabaza de castilla	Se rechaza
H.35	La frecuencia de consumo de productos de calabaza de castilla depende de la edad de las mujeres	Se rechaza

| H.36 | La frecuencia de consumo de productos de calabaza de castilla depende del municipio de procedencia de las mujeres | Se rechaza |
| H.37 | Existe asociación entre el nivel de estudios de las mujeres y la frecuencia de consumo de productos de calabaza de castilla | Se rechaza |

Fuente: Elaboración propia a partir de resultados emitidos por SPSS.

5.1.2.6 Análisis de los resultados de las encuestas aplicadas para cuantificar el consumo de calabaza de Castilla

Sector de comerciantes demanda potencial

La fórmula de la demanda potencial es:

$$\text{Demanda potencial} = \left(\text{Núm. de Negocios} \right) \left(\text{Promedio Consumo Kg/Mes} \right) \left(\text{Meses/Año} \right)$$

Demanda potencial = (349 Negocios) (25 Kg/Mes) (12 Meses)
Demanda potencial = 104,7 Toneladas de mermelada de calabaza de Castilla
Demanda potencial = (349 Negocios) (1.39 Kg/Mes) (12 Meses)
Demanda potencial = 5,821 Kilogramos de harina de calabaza de Castilla

Sector de consumidores demanda potencial

Las preguntas iban encaminadas a cuantificar el consumo familiar de calabaza de castilla. En la pregunta 2 se tiene que el 19.8 % de las familias nunca consumen ningún producto de calabaza de Castilla. De acuerdo con el último censo de población, el Estado cuenta con 1`068,207 habitantes en términos generales, el mismo censo indica que el número promedio de miembros de una familia es de 4.6, por lo existen 0.2322 Miles de familias en Tlaxcala. Dé estas, un 19.8 % no percibe un ingreso mayor a tres salarios mínimos mensual, es decir, las posibles familias consumidoras, tomando en cuenta que solo 80.2 % consumen calabaza de Castillas son:

0.23 x (1 - 0.22) x (1 - 0.198) = 0.1438 Miles de Familias en Tlaxcala

Tabla 50. Consumo de calabaza de Castilla según encuesta

Miles de familias consumidoras en Tlaxcala	% de respuesta	Consumo en kilogramos	Porcentaje relativo de respuesta	Frecuencia anual de consumo	kilogramos consumidos por año
Deshidratado Sopa(Crema)					
0.1438	0.776	0.250	0.167	12	55.91
0.1438	0.201	0.500	0.089	156	200.65
0.1438	0.018	1.000	0.241	104	64.88
0.1438	0.005	7.500	0.503	52	141.05
Deshidratado (Pan)					
0.1438	0.555	0.250	0.167	12	39.98
0.1438	0.404	0.500	0.089	156	403.30
0.1438	0.036	1.000	0.241	104	129.75
0.1438	0.005	7.500	0.503	52	141.05
Mermelada					
0.1438	0.323	0.250	0.167	12	23.27
0.1438	0.568	0.500	0.089	156	567.01
0.1438	0.109	1.000	0.241	104	392.86
0.1438	0	7.500	0.503	52	0.00
Dulce					
0.1438	0.523	0.250	0.167	12	37.68
0.1438	0.336	0.500	0.089	156	335.42
0.1438	0.136	1.000	0.241	104	490.17
0.1438	0.005	7.500	0.503	52	141.05
Yoghurt					
0.1438	0.424	0.250	0.167	12	30.55
0.1438	0.289	0.500	0.089	156	288.50
0.1438	0.279	1.000	0.241	104	1005.57
0.1438	0.008	7.500	0.503	52	225.67

Fuente: Elaboración propia a partir de resultados emitidos por SPSS.

CAPÍTULO 6

DISCUSIÓN DE RESULTADOS Y CONCLUSIONES

6.1 Discusión de resultados

De acuerdo con Laird (1977) generalmente los objetivos del desarrollo agrícola de una nación se expresan en términos de los aumentos proyectados en la producción de cultivos o ganados específicos, las razones principales para dar prioridad y concentrar recursos en la producción de determinadas actividades agropecuarias son: reducir las deficiencias domésticas de alimentos y fibra, disminuir las importaciones de productos agrícolas o aumentar las exportaciones de éstos. Así, en la agricultura de subsistencia, el objetivo central de su desarrollo consiste en lograr los cambios en la producción agropecuaria que resulte en mayores ingresos netos para la población rural, ello representa el paso esencial y primordial en el mejoramiento de la calidad de vida en esas áreas rurales. Los bajos ingresos agrícolas de los agricultores tradicionales son una consecuencia directa de las superficies pequeñas de tierra que cultivan y de la baja productividad de ésta, para lograr los aumentos en los ingresos agrícolas de estos pequeños productores es necesario aumentar la superficie de tierra que cultivan, reducir los costos de producción o incrementar la productividad de sus tierras.

Se confirma con esta investigación características generales de la agricultura campesina en cuanto al nivel de estudios predominando aun el 60.9 % sin estudios y el 23.9% con estudios a nivel de primaria. En cuanto a la tipología de los productores 87.9 % posee tamaño reducido de parcela, menos de 5 ha. A la que se refiere Guevara (1988) menciona que en la agricultura los campesinos suman alrededor de 5 millones, de éstos aproximadamente 2.4 millones son ejidatarios, 1.2

millones de pequeños propietarios y 1.4 millones jornaleros asalariados al parecer, sin tierra, sin incluir a los familiares de los productores. Y algunas características de los productores de subsistencia en los ejidos de México, de acuerdo con Lanjouw (2007) son: a) Poseen nivel bajo de educación, mayormente primaria. b) Poseen tamaño reducido de parcela, menos de 5 ha en 60-80 por ciento de los casos.

Referente al contraste de las hipótesis en los diferentes sectores, no es relevante contrastar H4.1, H4.2, H4.3, H4.4, H4.5, H.6, H.7, H.10, H.12, H.14, H.16, H.17, H.18 Y H.19 debido a que la mayor parte de la muestra está concentrada en una sola categoría de una de las variables a analizar. Casi todos los productores muestran un interés por industrializar la pulpa de calabaza de Castilla para otorgarle valor agregado a su producción (99.2%).

Las H.1, H.3, H.5, H.8, H.11, H.15, H.20, H.23, H.25, H.26, H.28, H.29, H.30, H.32, no se rechazan debido a que existe asociación. El estadístico chi cuadrada (chi cuadrada de pearson), utilizado para examinar independencia en tablas de contingencia I*J (Agresti, 2007), prueba la importancia estadística de la asociación observada entre las variables (Malhotra, 2004). La hipótesis nula (H0) establece que no hay asociación entre las variables (Malhotra, 2004). Los supuestos de la prueba chi cuadrada son: a) muestra aleatoria, como en toda prueba de hipótesis (Garson, 2009a), b) independencia de observaciones (Garson, 2009a); las observaciones no son independientes cuando el gran total es mayor que el número de sujetos, c) en tablas de 2*2 se requiere que todas las celdas tengan un valor esperado de 5 o más, el valor esperado en el 80% de las celdas en tablas más grandes, debe ser 5 o más pero no deben existir celdas con conteos (frecuencias observadas) igual a cero. Cuando este último supuesto no se cumple se implementa lo siguiente: 1) La corrección de Yates en tablas 2*2 y 2) La prueba exacta de Fisher en tablas I*J. (Garson, 2009a y Rosner, 2006). La corrección de Yates es un ajuste conservativo en el sentido de hacer más difícil el establecer significancia (Garson, 2009a). Algunos autores aplican la corrección de Yates a todas las tablas 2*2, porque ésta provee una mejor aproximación a la distribución binomial (Garson, 2009a).

Cuando en una tabulación cruzada no se cumple el supuesto de los valores esperados en celdas de 5 o más para el cálculo del estadístico chi cuadrada, se utiliza la prueba exacta de Fisher (Garson, 2009 a,b). La hipótesis nula establece que la distribución observada en la tabla no es diferente de la obtenida por azar (H0: la probabilidad de obtener una tabla tan fuerte como la observada o más fuerte debido al azar), donde "fuerte" se define como la proporción de casos en la diagonal de la tabla con más casos (Garson, 2009a). La prueba chi cuadrada y prueba exacta de Fisher sólo examinan la existencia de una relación entre datos categóricos (Malhotra, 2004). Para analizar la fuerza de dichas relaciones se utilizan medidas de correlación como el coeficiente de contingencia, coeficiente Phi o V de Cramer (Malhotra, 2004), su valor se encuentra en el rango de 1 a 0 (Garson, 2009c). Los coeficientes que miden la fuerza de la asociación entre variables, sólo serán interpretados cuando la asociación sea significativa (Malhotra, 2004).

Las H.2, H.9, H.13, H.21, H.22, H.24, H.27, H31, H.33, H.34, H.35, H.36, H.37, se rechazan debido a que no existe asociación. Davis (1971) propuso los siguientes intervalos para su interpretación: 0.01 a 0.09 – asociación insignificante, 0.10 a 0.29 – asociación baja; 0.30 a 0.49 – asociación moderada, 0.50 a 0.69 – asociación substancial, 0.70 o mayor asociación muy fuerte. Tal como existen medidas para medir la fuerza de la asociación entre variables continuas y nominales, también existen para variables medidas en escala ordinal. Tau b es una estadístico de prueba que mide la asociación entre dos variables ordinales, con ajuste para empates y es más apropiada cuando la tabla de contingencia es cuadrada (Malhotra, 2004), Tau c es más apropiada cuando la tabla de contingencia es rectangular (Malhotra, 2004). El supuesto del estadístico Tau de Kendall radica en que los datos deben ser ordinales (Garson, 2009d), el valor de Tau de Kendall varía entre -1 y 1, una correlación positiva indica que los rangos se incrementan conjuntamente, y una correlación negativa indica que cuando el rango de una variable se incrementa el otro decrece. Rho de Spearman es la correlación más común utilizada cuando dos variables son ordinales o entre una variable ordinal y la otra de intervalo (Garson, 2009e). Es una medida de asociación bivariada de la relación entre dos variables (fuerza de la relación), es no paramétrica, por lo tanto no asume la distribución normal (Garson, 2009e). Este coeficiente varía entre -1 y 1, 0 indica no relación y 1 indica una relación perfecta (los rangos aumentan conjuntamente) (Garson, 2009e). Un valor de -1 corresponde a una relación negativa perfecta, es decir, cuando el rango de una variable se incrementa el otro decrece y viceversa (Garson, 2009e).

6.2 Conclusiones

Para concluir la investigación realizada para el desarrollo de estrategias Regionales para el Desarrollo Sustentable en Tlaxcala, a partir de la calabaza de Castilla (*Cucúrbita pepo L.*)", es necesario detenerse de manera puntual en cada uno de los objetivos planteado.

6.2.1 Conclusiones relativas a los objetivos específicos

Medir el interés por parte de los productores por industrializar la pulpa de calabaza de castilla.

La descripción de las características y opiniones de los 381 productores entrevistados se presentan en la tabla 28. La mayoría de los productores corresponden al sexo masculino (91.6%), más de la mitad son adultos de 50 años en adelante (71.4%) y el 60.9% no posee estudios. Una gran parte de los productores deja la pulpa de calabaza de castilla en el campo (63.3%), pero ninguno la comercializa. Casi todos los productores muestra un interés por industrializar la pulpa de calabaza de Castilla para otorgarle valor agregado a su producción (99.2%).

Determinar el proceso de transformación de la calabaza de castilla que prefieren los productores.

El proceso que se prefiere se presenta en la tabla 28 y en primer lugar es la transformación de la pulpa de la calabaza en dulce (48.3%) y en segundo lugar la deshidratación (59.1%); el proceso que menos se prefiere es la salmuera (58.8%).

Evaluar tipo de productos de calabaza de castilla que demandan los productores, comerciantes y potenciales consumidores.

1) Productores: La mayoría de los productores (85.8%) sugieren el producto alimenticio, como producto final para aprovechar la pulpa tabla 28.
2) Comerciantes: Una descripción de los 183 comerciantes entrevistados se presenta en la tabla 30. La mayoría de los

174

comerciantes corresponden al sexo masculino (60.7%), más de la mitad (56.3%) tienen entre 18 y 33 años. El 56.3% es el encargado de los establecimientos, sólo 19.1% comercializa productos de calabaza, la mayoría desconoce si el producto es aceptado o no (86.3%). El 100% de los comerciantes está interesado en diversificar la mercancía, la mayoría prefiere adquirirlo en mermelada (53.4%) o deshidratado (39.2%). La característica que más buscan los comerciantes en el producto es la calidad (en primer lugar de preferencia con 51.19%) y la que menos es el precio (en quinto lugar de preferencia con, 51.37%).

3) Potenciales consumidores: La descripción de las características y opiniones de las 384 consumidoras potenciales se presentan en la tabla 31. La mayoría de las mujeres presentan una edad entre 18 y 41 años (72.9%). El 50.5% de ellas posee preparatoria o licenciatura, la gran mayoría (80.2%) ha consumido productos de calabaza, más aún al 90.3% le ha gustado. El dulce cristalizado es la forma en que más se ha consumido la calabaza (50.5%). Respecto a las preferencias de las potenciales consumidoras, el dulce es el producto que ocupa el primer lugar (32.55%).

Analizar las necesidades del mercado meta, comerciantes y consumidores, respecto a las características de los productos de calabaza de castilla.

1) Comerciantes: La característica que más buscan los comerciantes Tabla 30, en el producto es la calidad (en primer lugar de preferencia con 51.19%) y la que menos es el precio (en quinto lugar de preferencia con, 51.37%). La bolsa de plástico es el empaque recomendado para deshidratados (32.2%), el frasco de vidrio se sugiere para la mermelada (47.0%). Referente al contenido, para el deshidratado se propone un empaque con 250 gramos (33.3%), para la mermelada se prefiere el envase con 500 gramos (41.5%).

2) Consumidores: Las característica más deseada en un producto de calabaza Tabla 31, es la marca (39.84%). La bolsa de plástico es el empaque recomendado para sopa y pan (45.6% y 98.2% respectivamente), el frasco de vidrio se sugiere para la mermelada y dulce (84.6% y 44.8% respectivamente), para el yogurt el envase de preferencia es el frasco de plástico (75.3%). Referente al

contenido, para sopa, pan, dulce y yogurt se propone un empaque con 250 gramos (77.6%, 55.5% y 42.4%), para la mermelada se prefiere el envase con 500 gramos (56.8%). Los lugares en donde más se comprarían los productos de calabaza son en tiendas de abarrotes (41.1%) y tiendas de autoservicio (39.6%).

Proponer estrategias para el aprovechamiento de la calabaza de castilla.

Esta investigación propone estrategias regionales para el desarrollo rural en Tlaxcala, en el capítulo siete se plasman y son las siguientes: 1. Fomentar el aprovechamiento sustentable de la tierra y los recursos naturales asociados a ella. 2. Impulsar la generación de empresas rentables en el territorio social.

Las cuales están en congruencia con el Programa Especial Concurrente para el Desarrollo Rural Sustentable 2007-2012.

6.2.2 Conclusión relativa al objetivo general

Conocer la demanda actual de los productos de calabaza de Castilla, para diseñar un sistema flexible y estratégico encaminado a su industrialización, permitiendo a las industrias, comerciantes y potenciales consumidores contribuir al bienestar económico y social de los Tlaxcaltecas.

De acuerdo a los datos obtenidos en las diferentes encuestas que se realizaron para obtener la demanda actual de los productos de calabaza de Castilla para el Estado de Tlaxcala se concluye que los demandantes de dichos productos es de 105,235.16 Kilogramos/año, y están dispuestos a consumir en primer lugar mermelada y en segundo en deshidratado. En la presentación de 500 grs en frasco de vidrio y bolsa de plástico de 250 grs. respectivamente.

CAPÍTULO 7

IMPLEMENTACIÓN DE LAS ESTRATEGIAS

7.1 Estrategia 01

Fomentar el aprovechamiento sustentable de la tierra y los recursos naturales asociados a ella.

7.2 Programa al que pertenece

Vertiente agraria

7.3 Periodo

Inicio: Agosto 2010   Término: Agosto 2011

7.4 Objetivo(s)

Detonar el desarrollo socio-económico de los principales municipios productores de calabaza de Castilla, mediante el fomento del uso sustentable de los recursos naturales en la propiedad social para el beneficio económico de la población rural del Estado de Tlaxcala.

7.5 Justificación

La mayoría de los productores corresponden al sexo masculino (92.3%), el 72% son adultos de 50 años o más. La mayoría de ellos (61.4%) no posee preparación académica, más de la mitad (63.8%) deja la pulpa de la calabaza de castilla en el campo, mientras que el resto la consume. Casi todos los productores entrevistados (88.6%) interesados en procesar la pulpa, obtienen en promedio entre 16 y 20 (Ton/ha) de pulpa.

7.6 Actividades principales

Impulsar programas de fomento que promuevan integralmente:

La capacitación.
La organización productiva.
La creación de valor.
El encadenamiento productivo.
La diferenciación en el mercado.
Las prácticas de conservación y aprovechamiento sustentable.
El uso de tecnología apropiada para la conservación de la calabaza de Castilla. Anexo 9.
Generar oportunidades de mayores ingresos.

7.7 Meta(s)

Impartir diez cursos – talleres de 25 hrs. Cada uno a los principales municipios productores de calabaza de Castilla sobre las propiedades, para las prácticas de conservación y aprovechamiento sustentable de los desperdicios generados de las producciones de calabaza de castilla.
Impartir diez cursos – taller de 25 hrs. Cada uno a los principales municipios productores de calabaza de Castilla del uso de tecnología apropiada para generar oportunidades de mayores ingresos y aprovechamiento sustentable de los desperdicios generados de las producciones de calabaza de castilla.

7.8 Presupuestos

	Rubros	Monto($)	Conceptos
A)	Honorarios	60,000.00	Pago de instructores
B)	Materiales	15,000.00	Papelería, Material didáctico,
C)	Servicios	10,000.00	Viáticos, fotocopias,
D)	Inversión	235,000.00	Equipo de laboratorio
		Responsable(s)	

SAGARPA Delegación Tlaxcala, José Víctor Galaviz Rodríguez

Fuente: Elaboración propia

7.9 Relación de metas, cronograma e indicadores

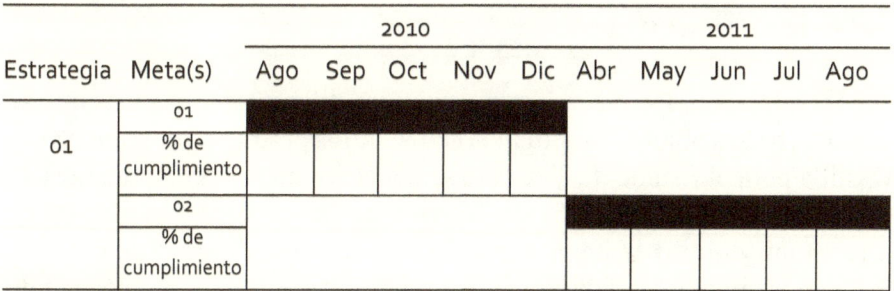

Estrategia	Meta(s)	2010					2011				
		Ago	Sep	Oct	Nov	Dic	Abr	May	Jun	Jul	Ago
01	01	█	█	█	█	█					
	% de cumplimiento										
	02						█	█	█	█	█
	% de cumplimiento										

Indicadores:

Efectividad de la difusión sobre prácticas de conservación = No. de municipios visitados / No. de municipios Principales productores de calabaza de Castilla en Tlaxcala X 100.

Efectividad de la difusión sobre tecnología = No. de municipios visitados / No. de municipios Principales productores de calabaza de Castilla en Tlaxcala X 100.

Fuente: Elaboración propia

7.10 Estrategia 02

Impulsar la generación de empresas rentables en el territorio social

7.11 Programa al que pertenece

Vertiente agraria

7.12 Periodo

Inicio: Agosto 2011   Término: Agosto 2012

7.13 Objetivo(s)

Facilitar los mecanismos para la creación y el mejoramiento del ingreso los emprendedores y población que habita en los principales municipios productores de calabaza de Castilla

7.14 Justificación

De acuerdo a los datos obtenidos en las diferentes encuestas que se realizaron para obtener la demanda actual de los productos de calabaza de Castilla para el Estado de Tlaxcala se concluye que los demandantes de dichos productos es de 105,235.16 Kilogramos/año, y están dispuestos a consumir en primer lugar mermelada y en segundo en deshidratado. En la presentación de 500 grs en frasco de vidrio y bolsa de plástico de 250 grs. respectivamente.

7.15 Actividades principales

Apoyar a todo sujeto agrario o emprendedor rural, mujeres y hombres que decida:

Crear una agroempresa.

Promotor del acceso equitativo a los factores de producción, para ello las dependencias del sector agrario diseñaran los incentivos necesarios para subsanar las fallas del mercado y otorgar apoyos para producir bienes de alto valor agregado.

Se han demostrado que la innovación y el desarrollo empresarial tienen efectos positivos en la rentabilidad de los negocios.

Los lineamientos y programas que promueven la generación de empresas rentables en el agro.

El impulso de Agroempresas rentables favorece la generación de empleos, el bienestar social y el arraigo de la población en sus comunidades de origen.

7.16 Meta(s)

1. Impartir diez Cursos - Taller de 120 hrs. a los principales municipios productores de calabaza de Castilla para elaborar proyecto de factibilidad para la innovación y desarrollo empresarial para producir bienes de alto valor agregado a partir del desperdicio de la calabaza de Castilla promoviendo la generación de empresas rentables en el Agro del Estado de Tlaxcala.

7.17 Presupuestos

	Rubros	Monto($)	Conceptos
A)	Honorarios	60,000.00	Pago de instructores
B)	Materiales	15,000.00	Papelería, Material didáctico,
C)	Servicios	10,000.00	Viáticos, fotocopias,
D)	Inversión	85,000.00	Adquisición de TIC's

RESPONSABLE(S)

SAGARPA Delegación Tlaxcala, José Víctor Galaviz Rodríguez

Fuente: Elaboración propia

7.18 Relación de metas, cronograma e indicadores

		2011					2012							
Estrategia	Meta(s)	Ago	Sep	Oct	Nov	Dic	Ene	Feb	Mar	Abr	May	Jun	Jul	Ago
	01													
02	% de cumplimiento													

Indicadores:

Efectividad de los cursos—taller para elaborar estudios de factibilidad = No. de cursos—taller logrados / No. de cursos —taller propuestos X 100.

Fuente: Elaboración propia

REFERENCIAS BIBLIOGRÁFICAS

AGUILAR, Héctor y Lorenzo Meyer (2002), *A la sombra de la revolución mexicana*, Cal y Arena México.

Agresti A. (2007). An introduction to Categorical Data Analysis. Segunda Edición, Wiley- Interscience A John Wiley & Sns, INC., Publication

Alianzas productivas para la seguridad alimentaría y el desarrollo rural. (2004, Enero 2). Reporte final para la promoción y desarrollo de cadenas productivas. Abril 06,2007, Disponible en: http://www.rlc.fao.org/prior/desrural/alianzas/pdf/mex3.pdf.

Aveldaño S., R. (1979). El agrosistema, su definición y relación con la precisión en la generación de tecnología en agricultura de temporal. Evaluación de cuatro métodos para definir agrosistemas en los llanos de Huamantla, Tlax. Tesis de Maestría en Ciencias. Colegio de Postgraduados, Chapingo, México.

Baca, U.G. (2003). Evaluación de proyectos. Edit. Mc Graw Hill. 4ta edición. México

Baca del M., J. (2006). La seguridad alimentaria como base para el desarrollo territorial local. Foro Nacional Agenda del Desarrollo 2006-2020.Chapingo, México.

Bartra, (2003) "Políticas y programas de alimentación y nutrición en México", en Revista Salud Pública de México, Volumen 43.Número 5, septiembre-octubre, México.

Barlett P., F. 1984. Cost – Benefit analysis: a test of alternative methodologies. *In*:Agricultural decision making.Anthropological contribution to rural development. Edited by Peggy F. Barlett. Studies in Anthropology. Academic Press Inc. New York. USA.

Bennis, W. (1995), Líderes las cuatro claves del liderazgo eficaz, Norma

Beck S., A.(1992). Estrategias de supervivencia de los productores ante el clima y crédito bancario restrictivos para la agricultura en la región oriente de Tlaxcala. Tesis de Maestro en Ciencias.

Estrategias para el desarrollo agrícola regional. Colegio de Postgraduados, Puebla, Pue.

Boltvinik, Eric (2005), Desarrollo integral del medio rural. Un experimento en México, Fondo de Cultura Económica, México

Boxwell R. J. (1995), Benchmarking para competir con ventaja, (1995). Mc. Graw Hill.

Bracker (1980)," The historical development of the strategy management concept", Academy of Management Review, vol. 5, pp. 219-224.

Calva, J. L. (2006). Política de desarrollo agropecuario. Foro Nacional Agenda del Desarrollo 2006-2020.Chapingo, México.

Carabias y Toledo. Ecología y autosuficiencia alimentaria, Siglo XXI Editores, México, 1987.

Castells, Manuel (2000), "Globalización, tecnología, trabajo, empleo y empresa ", en

Revista Cuatrimestral La Factoría, No. 7. Octubre de 1998, España

Castelán,C.E.(2003).*El recurso hídrico en México: Análisis de la situación actual y perspectivas futuras*. Centro del Tercer Mundo para el Manejo del Agua, A.C., Miguel Ángel Porrúa, The Nippon Fundation, México, D.F.

Cepal (Comisión Económica para América Latina). 1982. Economía campesina y agricultura empresarial: tipología de productores del agro mexicano. Primera edición. Ed. Siglo XXI. México.

Coyle, R. G. (1978). Management System Dynamics. A Wiley – Interscience Publication. John Wiley & Sons. N.Y. USA.

Damián, A. y Boltvinik, J. (2003). Evolución y características de la pobreza en México. Comercio exterior, Vol. 53, Núm. 6. México.

Davis, J.A. (1971). Elementary survey analysis. Englewood Cliffs, NJ: Prentice-Hall.

Díaz C., L. (2002). Agricultura Campesina: estrategias de supervivencia y reproducción social en el municipio de Huejutla, Hidalgo, México. Desarrollo Rural. Tesis de Maestría en Ciencias. Desarrollo Rural. Colegio de Postgraduados, Montecillo, Texcoco, México.

Digman, A. L. (2001*) Strategy management: competing in a global information age*, Dame Publishing.

Del Valle, Carmen. (Coordinadora), El desarrollo agrícola y rural del Tercer Mundo en el contexto de la mundialización, IIE/P y V, México, 2004.

Drucker, Peter F. (1994), *Ejecutivo eficaz,* Sudamericana

FAO (Organización de las Naciones Unidas para la agricultura y la alimentación). 2008a. La crisis alimentaria a nivel regional: decisiones globales para un marco de acción. Seminario Crisis alimentaria y energética: oportunidades y desafíos para América Latina y el Caribe. Santiago, CL, CEPAL.

FAO / Sagarpa. Informes generales de los programas de "Alianza Contigo", México, 2004 y 2005.

FAO / Sagarpa. Informes generales de los programas de "Alianza Contigo", México, 1989

Fischer de la vega, Laura, Navarro Vega, Alma. Introducción a la Investigación de mercado (2° ed. 1990). México. Mc Graw-Hill, p.57

Ferranti C., J. (2004). La agricultura mexicana y su desarrollo regional. Universidad Autónoma de Chapingo. Chapingo, México.

Fletcher et al (2010) POL242 LAB MANUAL: EXERCISE 3C: The Effect of Recoding Variables on Measures of Association, by Joseph Fletcher. Accesado el 28 de febrero del 2010, desde: Web del POL242 LAB MANUAL: EXERCISE 3C:http://www. chass.utoronto.ca/pol242/Labs/LM-3C/LM-3C_content.htm

Foladori, G y Tommasino, H, 2000. "Desarrollo Intensivo en la Agricultura Paranaense, Sustentabilidad Socio-ambiental Jaqueada", Revista Media, Programa de Pos-Graduado de Departamento de Ciencias Sociales, v.3, n.1, jan-jun. 1998, Londrina.

Foladori, G, H, (2001). "Desarrollo Intensivo en la Agricultura Paranaense, Sustentabilidad Socio-ambiental Jaqueada", Revista Media, Programa de Pos-Graduado de Departamento de Ciencias Sociales, v.4, n.2, jan-jun. 2000, Londrina.

Guevara C., J. (1988). La agricultura mexicana y su desarrollo regional. Universidad Autónoma de Chapingo. México.

Garson, G. D. (2009a). *Chi-Square Significance Tests*, by G. David Garson. Accesado el 28 de febrero del 2010, desde: Web del Statnotes: Topics in Multivariate Analysis de North Carolina State University:http://faculty.chass.ncsu.edu/Garson/PA765/ chisq.htm

Garson, G. D. (2009b). Fisher exact test of significance, by G. David Garson. Accesado el 28 de febrero del 2010, desde: Web del Statnotes: Topics in Multivariate Analysis de North Carolina State University: http://faculty.chass.ncsu.edu/garson/PA765/fisher.htm

Garson, G. D. (2009c). Nominal Association: Phi, Contingency Coefficient, Tschuprow's T, Cramer's V, Lambda, Uncertainty Coefficient, by G. David Garson. Accesado el 28 de febrero del 2010, desde: Web del Statnotes: Topics in Multivariate Analysis de North Carolina State University: http://faculty.chass.ncsu.edu/garson/PA765/assocnominal.htm

Garson, G. D. (2009d). Ordinal Association: Gamma, Kendall's tau-b and tau-c, Somers' d, by G. David Garson. Accesado el 28 de febrero del 2010, desde: Web del Statnotes: Topics in Multivariate Analysis de North Carolina State University: http://faculty.chass.ncsu.edu/garson/PA765/assocordinal.htm

Garson, G. D. (2009e). Correlation, by G. David Garson. Accesado el 28 de febrero del 2010, desde: Web del Statnotes: Topics in Multivariate Analysis de North Carolina State University: http://faculty.chass.ncsu.edu/garson/PA765/correl.htm

Grassi C., B.A. (1983). Riesgo de primeras y últimas heladas en Puebla y Tlaxcala respecto a los cultivos básicos. Tesis de Maestro en Ciencias. Colegio de Postgraduados, Chapingo, México.

Gereffi, Pablo (1999), La economía del Estado de México. Hacia una agenda de investigación, El Colegio Mexiquense, A. C., México.

Gerritsen, Pete R. W. (2002), Diversity at Stake. A farmers´ perspective on biodiversity and conservation in western Mexico. Wageningen: Wageningen Studies on Heterogeneity and Relocalization.

Gómez C. M., y R. Schwentesius R. 2004. Impacto del TLCAN en el sector agroalimentario: evaluación a diez años. En ¿El campo aguanta más? Rita Schwentesius Rindermann, Manuel Ángel Gómez, José Luis Calva Téllez y Luis Hernández Navarro Coordinadores. 2da edición. Chapingo, México.

Hansen, J. W. (1996). "Is sustainability a useful concept?" Agricultural System, 50, 117

Hansen, J. W. y Jones, J. W. (1996). "A System Framework for Characterizing Farm Sustainability" Agricultural Systems 51(1996) 185-201.

Harrington, L., Jones, P., Winograd, M., (1994). Operacionalización del concepto de sostenibilidad: Un método basado en la productividad total. Sexto Encuentro Internacional de RIMISP, Campinas, Brasil.

Hernández X., E. (1985). Agricultura tradicional y desarrollo. En Xolocotzia. Obras de Efraim Hernández Xolocotzi. Revista de Geografía Agrícola. Universidad Autónoma Chapingo. Chapingo, México.

Hofer, W. C. y Dan, E. S. (1997), Strategy formulation: analytical concepts, West information pub group. G

Ibarra E., M.T. de J. (2005). Estrategias adoptadas por pequeños productores en pequeña escala ante la crisis del café caso: municipio de Tlaola, Puebla. Tesis de Maestría en Ciencias. Desarrollo Rural. Colegio de Postgraduados, Montecillo, Texcoco, México.

IICA (Instituto Interamericano de Cooperación para la Agricultura). (2008). Evolución de los precios de productos agrícolas: Posible impacto para la agricultura de Latinoamérica y el Caribe.

I n e g i (Instituto Nacional de Estadística Geografía e Informática). 2005. Resultados preliminares del Censo Agropecuario en el Estado de Tlaxcala; 33 anexos. Archivo digital. Residencia Tlaxcala.

Janvry, L. (1995). La legislación y la política agraria como factores del cambio social: la experiencia de México. San José, CR, IICA (Cuaderno técnico n.° 30).

Jiménez Herrero, Luís M. (2000). Desarrollo sostenible. Transición hacia la coevolución global, 85

Kazanjian, R., M.(1978). Systems Analysis and Policy Sciences. Theory and practice. John Wiley & Sons, Inc. NewYork. USA.

Lasserre, P. (2002), *Global Strategic management*, Palgrave Macmillan.

Lanjouw, P. La pobreza y la economía no agrícola en los ejidos de México: 1994-1997. Banco Mundial. En: http:/www.rlc.fao.org/prior/desrural/pdf/lanjow1.pdf. Consultado 19 de enero de 2007.

Laird J., R. (1977). Investigación agronómica para el desarrollo de la agricultura tradicional. Rama de Suelos. Colegio de Postgraduados, Chapingo, México.

Mata G., B. (2002). Desarrollo Rural centrado en la pobreza. Universidad Autónoma de Chapingo. 1ª edición, Chapingo, México.

Morales H., Jaime (2004), Sociedades rurales y naturaleza, En busca de alternativas hacia de la sustentabilidad. Guadalajara: ITESO/ Universidad Iberamericano.

Malhotra, N. (2004). Investigación de Mercados. Un Enfoque Aplicado. México: Prentice Hall

Merigo, A. D. (2001), Liderazgo para los procesos de calidad, Editorial panorama

Morales H., Jaime (2004), Sociedades rurales y naturaleza, En busca de alternativas hacia de la sustentabilidad. Guadalajara: ITESO/ Universidad Iberamericano.

Müller, Eric (1996), *Desarrollo integral del medio rural. Un experimento en México*, Fondo de Cultura Económica, México.

Muñoz Rodríguez, Manrubio. Santoyo Cortés V. Horacio, Cárdenas, *Mercados e instituciones financieras rurales*, CIESTAAM/ UACh, México, 2004. *Contexto de la mundialización*, IIE/Plaza y Valdés, México, 2004, p. 23.

Mintzberg (1993)," The fall and rise of strategic planning", Harvard Business Review, January February, pp. 107-115.

Mintzberg, H. (2003), *The strategy process*, Prentice Hall.

Mendez, J. W. (2006). "Is sustainability a useful concept?" Agricultural System, 50, 117-143

O'Connor, James (2000), ¿Es posible es capitalismo sostenible?, Revista Papeles de población, Abril.

Pérez S., A. (1997). Estrategias de supervivencia de los productores ante el clima y crédito bancario restrictivos para la agricultura en la región oriente de Tlaxcala. Tesis de Maestro en Ciencias. Estrategias para el desarrollo agrícola regional. Colegio de Postgraduados, Puebla, Pue.

Ploeg, Jan Douwe Van Der (1990), Labor, markets and agricultural production. Boulder, San Francisco and Oxford: Westview Press.

Ploeg, Jan Douwe Van Der (1992), "The reconstitution of locality: technology and labour in modern agriculture". Pp. 19-43 en MARSDEN, TERRY, ROBERT LOWE Y SARAH WHATMORE (Eds), Labour and locality: uneven development and the rural labour process. London: David Fulton Publishers. Critical perspectives on rural change series, IV.

Programa especial concurrente para el desarrollo rural sustentable 2007-2012, Gobierno de los estados unidos mexicanos, comisión intersecretarial para el desarrollo rural sustentable, 2007.

Plan estatal de desarrollo 2005-2011. Estado de Tlaxcala. Plan Nacional de Desarrollo 2007 - 2012

Porter, M. (1985). Competitive advantage: Creating and sustaining superior performance. Nueva York. The Free Press.

Richards D.W. & Seary A. J.(2007), Chapter 12. Strength of relationships: Discrete. Accesado el 3 de abril del 2009, desde: Web del Vancouver Network Analysis Team: http://www.sfu.ca/personal/archives/richards/Zen/Pages/Chap12.htm

Rubio, Blanca (2003), La fase agroalimentaria global y su repercusión en el campo mexicano, en Revista Comercio Exterior, Vol. 54. No. 11. Banco de Comercio Exterior, México.

Rosner, B. (2006). Fundamentals of Biostatistics, Harvard Univerisity, sexta edición.

SAGARPA.(2008). Secretaria de agricultura, ganadería, Desarrollo Rural, Pesca y Alimentación La experiencia mexicana en el desarrollo y operación de seguros paramétricos aplicados a la agricultura. Documento preliminar para discusión. México.

Reardon y Berdegue,. (2003). Ecología y autosuficiencia alimentaria, Siglo X X I Editores, México, 1987.

SEMARNAT-CP(Secretaría de Medio Ambiente y Recursos Naturales-Colegio de Postgraduados) 2008. Evaluación de la degradación del suelo causada por el hombre en la República Mexicana escala 1:250000. Memoria Nacional. SEMARNAT-Colegio de Postgraduados, Montecillo, México.

Sánchez, M., R.. (2005). Los Sistemas de Información Geográfica en la. administración de recursos naturales: recomendaciones de las experiencias del INIFAP. Rev. Ciencia Forestal en México Vol. 20 Núm. 78. México D.F

Salazar A. J.A., Matus G., F. Cervantes E.(2006). El mercado de maíz en México: escenarios hacia el 2020. Foro Nacional Agenda del Desarrollo 2006-2020.Chapingo, México.

Sepúlveda G., I. (1992). El cambio tecnológico en el desarrollo rural. Primera edición. Universidad Autónoma Chapingo. Chapingo, México.

Steiner, G. A., Miner J. B., and Gray, E. R. 1982. Management policy and strategy. Text, readings, and cases. 2nd edition. Macmillan Publishing Co., Inc: N.Y. USA.

Székely, M. (2005). Mitos y realidades sobre la pobreza. *En* Desmitificación y nuevos mitos sobre la pobreza. Coordinador Miguel Székely. Primera edición. Editorial Miguel Ángel Porrúa. México. D.F.

Toledo, C. y E. Provencio (1998). "La construcción de regiones sustentables en el medio rural: el nuevo sujeto de la gestión regional", en F. Torres(coord.), Desarrollo regional y urbano en México a finales del siglo XX. Una agenda de temas pendientes, tomo IV. Medio ambiente y desarrollo regional sustentable, México, AMECIDER, A.C., UAEM y IIE.

Tisdell, C. (1996). "Economic indicators to assess the sustainbility of conservation farming projects: An evaluation", Agriculture, Ecosystems and Environment", 57.

Valdes, L. B. (2001), Conocimiento es futuro, CCTC.

Van der Ploeg (1994), "The reconstitution of locality: technology and labour in modern agriculture". Pp. 19-43 en MARSDEN, TERRY, ROBERT LOWE Y SARAH WHATMORE (Eds), Labour and locality: uneven development and the rural labour process. London: David Fulton Publishers. Critical perspectives on rural change series, IV.

Van Dalen J.C. (1997). Workshop on the development of Chain Science. Amsterdam, Octubre.

Verner, D. (2005). Poverty in rural and semiurban Mexico during 1992 - 2002. World Bank Policy Research Working Paper 3576. Washington, D.C. USA.

Volke H. V., e I. Sepúlveda G. (1987). Agricultura de subsistencia y desarrollo rural. Primera edición. Editorial Trillas. México. D.F.

Walton, M., y G. López A.(2005). Pobreza en México, una evaluación de las condiciones, las tendencias y la estrategia del gobierno. *En* en breve No.61.Enero de 2005. Banco Mundial.

Weston, R. y M. Ruth (1997), "A Dynamic, Hierarchical Approach to Understanding and managing Natural Economic Systems", Ecological Economics, no 21.

Wittgentein, L. (1998). Investigaciones filosóficas. México - Barcelona: UNAM - Grijalbo.

Yunlong, C. Smit, B. (1994). "Sustainability in agriculture: a general review", Agriculture Ecosystems & Environment, 49, (1994) 299-307.

Yunlong, C. Smit, B. (1994). Vilain T. (2000)"Sustainability in agriculture: a general review", Agriculture Ecosystems & Environment, 52, (2000).

Zapata M. E., y M.B. López A. (1996). Unidad de producción campesina ante los cambios estructurales. *En* Actores del desarrollo rural: visiones para el análisis. Emma Zapata Martelo, Martha Mercado González, organizadoras. Memoria del seminario de Investigación sobre Desarrollo Rural. Colegio de Postgraduados, Montecillo, México.

Zúñiga G.,J.L. (1987). La innovación tecnológica y la productividad en un sistema agrícola tradicional del trópico húmedo de México. Tesis de Maestría en Ciencias. Centro de Edafología. Colegio de Postgraduados, Montecillo, México.

Zander, P., Kachele, H.(1999). "Modelling multiple objectives of land use for sustainable development", Agricultural Systems, 59, 311-325.

ANEXOS

ANEXO I. Sector de productores

Tabla 1. Destino final de la pulpa por municipio de procedencia de los productores

		Municipio						TOTAl
		Altzayanca	Cuapiaxtla	Huamantla	Españita	Calpulalpan	Ixtacuixtla	
Destino final de la pulpa	Venta a menudeo	11 34,40%	4 6,50%	0 0,00%	0 0,00%	0 0,00%	0 0,00%	15 7,60%
	Autoconsumo	21 65,60%	58 93,50%	14 100,00%	18 100,00%	20 100,00%	52 100,00%	183 92,40%
	Total	32 100,00%	62 100,00%	14 100,00%	18 100,00%	20 100,00%	52 100,00%	198 100,00%

Tabla 2. Utilización de pulpa (productor) por municipio de procedencia de los productores

		Municipio										Total
		Altzayanca	Cuapiaxtla	Huamantla	Ixtenco	Españita	Tepetitla	Calpulalpan	Ixtacuixtla	Nativitas	Zitlaltepec	
Utilización de pulpa (productor)	La deja en el campo	20 52,60%	49 71,00%	26 68,40%	15 100,00%	24 57,10%	38 100,00%	14 41,20%	13 20,00%	31 100,00%	11 100,00%	241 63,30%
	La regala	3 7,90%	0 0,00%	0 0,00%	0 0,00%	0 0,00%	0 0,00%	0 0,00%	0 0,00%	0 0,00%	0 0,00%	3 0,80%
	Autoconsumo	15 39,50%	20 29,00%	12 31,60%	0 0,00%	18 42,90%	0 0,00%	20 58,80%	52 80,00%	0 0,00%	0 0,00%	137 36,00%
	Total	38 100,00%	69 100,00%	38 100,00%	15 100,00%	42 100,00%	38 100,00%	34 100,00%	65 100,00%	31 100,00%	11 100,00%	381 100,00%

Tabla 3. Producto final sugerido por género de los productores

| | | Sexo | | Total |
		Masculino	Femenino	
Producto final sugerido	Alimenticio	307	20	327
		88,00%	62,50%	85,80%
	Farmacéutico	25	10	35
		7,20%	31,30%	9,20%
	Cosmético	8	2	10
		2,30%	6,30%	2,60%
	Químico	9	0	9
		2,60%	0,00%	2,40%
	Total	349	32	381
		100,00%	100,00%	100,00%

Tabla 4. Destino final de la pulpa por promedio de pulpa obtenido por los productores

| | | Promedio de pulpa obtenido Ton/ha | | Total |
		11 a 15 Ton/ha	16 a 20 Ton/ha	
Destino final de la pulpa	Venta a menudeo	4	11	15
		9,50%	7,10%	7,60%
	Autoconsumo	38	145	183
		90,50%	92,90%	92,40%
	Total	42	156	198
		100,00%	100,00%	100,00%

Tabla 5. Producto final sugerido por promedio de pulpa obtenido por los productores

		Promedio de pulpa obtenido Ton/ha			Total
		6 a 10	11 a 15	16 a 20	
Producto final sugerido	Alimenticio	2	31	294	327
		100,00%	70,50%	87,80%	85,80%
	Farmacéutico	0	7	28	35
		0,00%	15,90%	8,40%	9,20%
	Cosmético	0	2	8	10
		0,00%	4,50%	2,40%	2,60%
	Químico	0	4	5	9
		0,00%	9,10%	1,50%	2,40%
	Total	2	44	335	381
		100,00%	100,00%	100,00%	100,00%

Tabla 6. Producto final sugerido por nivel de estudios de los productores

		Nivel de estudios					TOTAL
		Sin estudios	Primaria	Secundaria	Bachillerato	Licenciatura	
Producto final sugerido	Alimenticio	198 85,30%	87 95,60%	34 100,00%	5 45,50%	3 23,10%	327 85,80%
	Farmacéutico	21 9,10%	0 0,00%	0 0,00%	4 36,40%	10 76,90%	35 9,20%
	Cosmético	8 3,40%	0 0,00%	0 0,00%	2 18,20%	0 0,00%	10 2,60%
	Químico	5 2,20%	4 4,40%	0 0,00%	0 0,00%	0 0,00%	9 2,40%
	Total	232 100,00%	91 100,00%	34 100,00%	11 100,00%	13 100,00%	381 100,00%

Tabla 7. Producto final sugerido por edad del productor

		Nivel de estudios				
		26 a 33	34 a 41	42 a 49	50 en adelante	TOTAL
Producto final sugerido	Alimenticio	2 100,00%	37 84,10%	56 88,90%	232 85,30%	327 85,80%
	Farmacéutico	0 0,00%	7 15,90%	3 4,80%	25 9,20%	35 9,20%
	Cosmético	0 0,00%	0 0,00%	0 0,00%	10 3,70%	10 2,60%
	Químico	0 0,00%	0 0,00%	4 6,30%	5 1,80%	9 2,40%
	Total	2 100,00%	44 100,00%	63 100,00%	272 100,00%	381 100,00%

Anexo 2. Sector de comerciantes

Tabla 1. Comercialización de calabaza por tipo de establecimiento de los comerciantes

		Establecimiento							
		Panadería	Tienda naturista	Restaurant	Cadena de supermercados	Abarrotes	Tortillería	Materias Primas	Total
Comercialization de calabaza	Si	4 10,00%	7 43,80%	14 29,20%	3 75,00%	2 5,90%	3 9,70%	2 20,00%	35 19,10%
	No	36 90,00%	9 56,30%	34 70,80%	1 25,00%	32 94,10%	28 90,30%	8 80,00%	148 80,90%
	Total	40 100,00%	16 100,00%	48 100,00%	4 100,00%	34 100,00%	31 100,00%	10 100,00%	183 100,00%

Tabla 2. Forma de adquisición del producto por tipo de establecimiento de los comerciantes

		Establecimiento							
		Panadería	Tienda naturista	Restaurant	Cadena de supermercados	Abarrotes	Tortillería	Materias Primas	Total
Forma de adquisición del producto	Deshidratado en polvo	6 15,00%	8 50,00%	12 25,00%	2 50,00%	8 23,50%	30 96,80%	6 60,00%	72 39,30%
	Congelado	2 5,00%	0 0,00%	4 8,30%	0 0,00%	0 0,00%	0 0,00%	1 10,00%	7 3,80%
	Mermelada	31 77,50%	7 43,80%	30 62,50%	2 50,00%	21 61,80%	1 3,20%	2 20,00%	94 51,40%
	Salmuera	1 2,50%	1 6,30%	0 0,00%	0 0,00%	3 8,80%	0 0,00%	0 0,00%	5 2,70%
	Dulce	0 0,00%	0 0,00%	2 4,20%	0 0,00%	2 5,90%	0 0,00%	1 10,00%	5 2,70%
	Total	40 100,00%	16 100,00%	48 100,00%	4 100,00%	34 100,00%	31 100,00%	10 100,00%	183 100,00%

Tabla 3. Tipo de envase por forma de adquisición del producto, en opinión de los comerciantes

		Forma de adquisición del producto					Total
		Deshidratado en polvo	Congelado	Mermelada	Salmuera	Dulce	
Tipo de envase	Bolsa de plástico	46 63,90%	3 42,90%	6 6,40%	0 0,00%	4 80,00%	59 32,20%
	Frasco de vidrio	16 22,20%	1 14,30%	66 70,20%	3 60,00%	0 0,00%	86 47,00%
	Frasco de plástico	8 11,10%	2 28,60%	14 14,90%	1 20,00%	1 20,00%	26 14,20%
	Cubeta de plástico	2 2,80%	1 14,30%	8 8,50%	1 20,00%	0 0,00%	12 6,60%
	Total	72 100,00%	7 100,00%	94 100,00%	5 100,00%	5 100,00%	183 100,00%

Tabla 4. Volumen de adquisición por forma de adquisición del producto, en opinión de los comerciantes

		Forma de adquisición del producto					
		Deshidratado en polvo	Congelado	Mermelada	Salmuera	Dulce	Total
Volumen de adquisición	01 a 50 Kg.	50	5	57	5	4	121
		69,40%	71,40%	60,60%	100,00%	80,00%	66,10%
	51 a 100 Kg.	17	1	30	0	1	49
		23,60%	14,30%	31,90%	0,00%	20,00%	26,80%
	101 a 200 Kg.	5	1	7	0	0	13
		6,90%	14,30%	7,40%	0,00%	0,00%	7,10%
	Total	72	7	94	5	5	183
		100,00%	100,00%	100,00%	100,00%	100,00%	100,00%

Tabla 5. Frecuencia de compra por forma de adquisición del producto, en opinión de los comerciantes

		Forma de adquisición del producto					Total
		Deshidratado en polvo	Congelado	Mermelada	Salmuera	Dulce	
Frecuencia de compra	Mensual	47	4	53	3	1	108
		65,30%	57,10%	56,40%	60,00%	20,00%	59,00%
	Quincenal	20	3	31	2	2	58
		27,80%	42,90%	33,00%	40,00%	40,00%	31,70%
	Semanal	5	0	10	0	2	17
		6,90%	0,00%	10,60%	0,00%	40,00%	9,30%
	Total	72	7	94	5	5	183
		100,00%	100,00%	100,00%	100,00%	100,00%	100,00%

Tabla 6. Contenido del envase por forma de adquisición del producto, en opinión de los comerciantes

		Forma de adquisición del producto					Total
		Deshidratado en polvo	Congelado	Mermelada	Salmuera	Dulce	
Contenido del envase	250 grs.	34 47,20%	0 0,00%	21 22,30%	3 60,00%	3 60,00%	61 33,30%
	500 grs.	26 36,10%	2 28,60%	46 48,90%	1 20,00%	1 20,00%	76 41,50%
	1000 grs.	11 15,30%	4 57,10%	18 19,10%	0 0,00%	1 20,00%	34 18,60%
	5 a 10 Kgs.	1 1,40%	1 14,30%	9 9,60%	1 20,00%	0 0,00%	12 6,60%
	Total	72 100,00%	7 100,00%	94 100,00%	5 100,00%	5 100,00%	183 100,00%

Anexo 3. Sector de consumidores

Tabla 1. Lugar de compra por municipio de procedencia de las consumidoras poTtaeblna 1c. iLaulgearsde compra por municipio de procedencia de las consumidoras potenciales

Lugar de compra		Municipio										Total
		Apizaco	Calpulalpan	Chiautempan	Huamantla	Ixtacuixtla MM	Contla de Juan Cuamatzi	San Pablo del Monte	Tlaxcala	Tlaxco	Zacalteco	
Tienda autoservicio		23	4	23	23	13	2	25	27	5	7	152
		42,60%	14,80%	50,00%	42,60%	56,50%	8,70%	59,50%	44,30%	21,70%	22,60%	39,60%
Abarrotes		20	15	18	25	10	17	11	28	4	10	158
		37,00%	55,60%	39,10%	46,30%	43,50%	73,90%	26,20%	45,90%	17,40%	32,30%	41,10%
Distribuidora de materias primas		4	1	1	1	0	4	3	1	0	0	15
		7,40%	3,70%	2,20%	1,90%	0,00%	17,40%	7,10%	1,60%	0,00%	0,00%	3,90%
Tienda naturistas		7	7	4	5	0	0	3	5	14	14	59
		13,00%	25,90%	8,70%	9,30%	0,00%	0,00%	7,10%	8,20%	60,90%	45,20%	15,40%
Total		54	27	46	54	23	23	42	61	23	31	384
		100,00%	100,00%	100,00%	100,00%	100,00%	100,00%	100,00%	100,00%	100,00%	100,00%	100,00%

Tabla 2. Consumo de calabaza por municipio de procedencia de las consumidoras poTtaeblna 2c. Ciaonlseumso de calabaza por municipio de procedencia de las consumidoras potencialesw

Consumo de calabaza	Municipio										Total
	Apizaco	Calpulalpan	Chiautempan	Huamantla	Ixtacuixtla MM	Contla de Juan Cuamatzi	San Pablo del Monte	Tlaxcala	Tlaxco	Zacalteco	
No	10 / 18,50%	5 / 18,50%	3 / 6,50%	6 / 11,10%	3 / 13,00%	16 / 69,60%	0 / 0,00%	14 / 23,00%	6 / 26,10%	13 / 41,90%	76 / 19,80%
Si	44 / 81,50%	22 / 81,50%	43 / 93,50%	48 / 88,90%	20 / 87,00%	7 / 30,40%	42 / 100,00%	47 / 77,00%	17 / 73,90%	18 / 58,10%	308 / 80,20%
Total	54 / 100,00%	27 / 100,00%	46 / 100,00%	54 / 100,00%	23 / 100,00%	23 / 100,00%	42 / 100,00%	61 / 100,00%	23 / 100,00%	31 / 100,00%	384 / 100,00%

Tabla 3. Aceptación de la calabaza por municipio de procedencia de las consumidoras potenciales

Tabla 3. Aceptación de la calabaza por municipio de procedencia de las consumidoras potenciales

Aceptación	Municipio										Total
	Apizaco	Calpulalpan	Chiautempan	Huamantla	Ixtacuixtla MM	Contla de Juan Cuamatzi	San Pablo del Monte	Tlaxcala	Tlaxco	Zacalteco	
No	8 / 18,20%	3 / 13,60%	7 / 16,30%	6 / 12,50%	1 / 5,00%	0 / 0,00%	2 / 4,80%	3 / 6,40%	0 / 0,00%	0 / 0,00%	30 / 9,70%
Si	36 / 81,80%	19 / 86,40%	36 / 83,70%	42 / 87,50%	19 / 95,00%	7 / 100,00%	40 / 95,20%	44 / 93,60%	17 / 100,00%	18 / 100,00%	278 / 90,30%
Total	44 / 100,00%	22 / 100,00%	43 / 100,00%	48 / 100,00%	20 / 100,00%	7 / 100,00%	42 / 100,00%	47 / 100,00%	17 / 100,00%	18 / 100,00%	308 / 100,00%

Tabla 4. Lugar de compra por edad de las consumidoras potenciales

		18 a 25	26 a 33	34 a 41	42 a 49	50 en adelante	Total
				Edad			
Lugar de compra	Tienda autoservicio	32 39,50%	31 31,60%	47 46,50%	28 45,20%	14 33,30%	152 39,60%
	Abarrotes	27 33,30%	43 43,90%	41 40,60%	23 37,10%	24 57,10%	158 41,10%
	Distribuidoras de materias primas	4 4,90%	2 2,00%	2 2,00%	5 8,10%	2 4,80%	15 3,90%
	Tienda naturistas	18 22,20%	22 22,40%	11 10,90%	6 9,70%	2 4,80%	59 15,40%
	Total	81 100,00%	98 100,00%	101 100,00%	62 100,00%	42 100,00%	384 100,00%

Tabla 5. Consumo de calabaza por edad de las consumidoras portenciales

		Edad					Total
		18 a 25	26 a 33	34 a 41	42 a 49	50 en adelante	
Consumo de calabaza	No	17	27	21	7	4	76
		21,00%	27,60%	20,80%	11,30%	9,50%	19,80%
	Sí	64	71	80	55	38	308
		79,00%	72,40%	79,20%	88,70%	90,50%	80,20%
	Total	81	98	101	62	42	384
		100,00%	100,00%	100,00%	100,00%	100,00%	100,00%

Tabla 6. Consumo de calabaza por nivel de estudios de las consumidoras potenciales

		Nivel de estudios				Total
		Primaria	Secundaria	Bachillerato	Licenciatura	
Consumo de calabaza	No	11	33	25	7	76
		16,70%	26,60%	20,30%	9,90%	19,80%
	Sí	55	91	98	64	308
		83,30%	73,40%	79,70%	90,10%	80,20%
	Total	66	124	123	71	384
		100,00%	100,00%	100,00%	100,00%	100,00%

Tabla 7. Aceptación de la calabaza de castilla por edad de las potenciales consumidoras

		Edad					Total
		18 a 25	26 a 33	34 a 41	42 a 49	50 en adelante	
Aceptación	No	13	7	5	2	3	30
		20,30%	9,90%	6,30%	3,60%	7,90%	9,70%
	Sí	51	64	75	53	35	278
		79,70%	90,10%	93,80%	96,40%	92,10%	90,30%
	Total	64	71	80	55	38	308
		100,00%	100,00%	100,00%	100,00%	100,00%	100,00%

Tabla 8. Aceptación de la calabaza de castilla por nivel de estudios de las potenciales consumidoras

		Nivel de estudios				Total
		Primaria	Secundaria	Bachillerato	Licenciatura	
Aceptación	No	6	4	14	6	30
		10,90%	4,40%	14,30%	9,40%	9,70%
	Sí	49	87	84	58	278
		89,10%	95,60%	85,70%	90,60%	90,30%
	Total	55	91	98	64	308
		100,00%	100,00%	100,00%	100,00%	100,00%

Tabla 9. Frecuencia de consumo por municipio de procedencia de las potenciales consumidoras

Tabla 9. Frecuencia de consumo por municipio de procedencia de las potenciales consumidoras

						Municipio						Total
		Apizaco	Calpulalpan	Chiautempan	Huamantla	Ixtacuixtla MM	Contla de Juan Cuamatzi	San Pablo del Monte	Tlaxcala	Tlaxco	Zacalteco	
Frecuencia de consumo	Cada mes	16 29,60%	8 29,60%	11 23,90%	14 25,90%	1 4,30%	0 0,00%	2 4,80%	9 14,80%	2 8,70%	1 3,20%	64 16,70%
	Tres veces a la semana	6 11,10%	3 11,10%	3 6,50%	2 3,70%	0 0,00%	2 8,70%	4 9,50%	6 9,80%	6 26,10%	2 6,50%	34 8,90%
	Dos veces por semana	10 18,50%	4 14,80%	8 17,40%	12 22,20%	7 30,40%	13 56,50%	10 23,80%	17 27,90%	4 17,40%	8 25,80%	93 24,20%
	Una vez por semana	21 38,90%	11 40,70%	24 52,20%	26 48,10%	15 65,20%	8 34,80%	26 61,90%	28 45,90%	11 47,80%	20 64,50%	190 49,50%
	Diario	1 1,90%	1 3,70%	0 0,00%	0 0,00%	0 0,00%	0 0,00%	0 0,00%	1 1,60%	0 0,00%	0 0,00%	3 0,80%
	Total	54 100,00%	27 100,00%	46 100,00%	54 100,00%	23 100,00%	23 100,00%	42 100,00%	61 100,00%	23 100,00%	31 100,00%	384 100,00%

Tabla 10. Frecuencia de consumo por edad de las potenciales consumidoras

		Edad					Total
		18 a 25	26 a 33	34 a 41	42 a 49	50 en adelante	
Frecuencia de consumo	Cada mes	20 24,70%	13 13,30%	16 15,80%	5 8,10%	10 23,80%	64 16,70%
	Tres veces a la semana	2 2,50%	10 10,20%	12 11,90%	6 9,70%	4 9,50%	34 8,90%
	Dos veces por semana	14 17,30%	23 23,50%	22 21,80%	26 41,90%	8 19,00%	93 24,20%
	Una vez por semana	45 55,60%	52 53,10%	50 49,50%	24 38,70%	19 45,20%	190 49,50%
	Diario	0 0,00%	0 0,00%	1 1,00%	1 1,60%	1 2,40%	3 0,80%
	Total	81 100,00%	98 100,00%	101 100,00%	62 100,00%	42 100,00%	384 100,00%

Tabla 11. Frecuencia de consumo por nivel de estudios de las potenciales consumidoras

Frecuencia de consumo	Nivel de estudios				Total
	Primaria	Secundaria	Bachillerato	Licenciatura	
Cada mes	20	17	21	6	64
	30,30%	13,70%	17,10%	8,50%	16,70%
Tres veces a la semana	8	8	14	4	34
	12,10%	6,50%	11,40%	5,60%	8,90%
Dos veces por semana	11	28	32	22	93
	16,70%	22,60%	26,00%	31,00%	24,20%
Una vez por semana	26	70	56	38	190
	39,40%	56,50%	45,50%	53,50%	49,50%
Diario	1	1	0	1	3
	1,50%	0,80%	0,00%	1,40%	0,80%
Total	66	124	123	71	384
	100,00%	100,00%	100,00%	100,00%	100,00%

ANEXO 4

ENCUESTA AL SECTOR PRIMARIO (PRODUCTORES)

Buenas tardes Sr. Productor, mi nombre es _____ soy estudiante de la Universidad Popular Autónoma de Puebla, y llevo a cabo una encuesta sobre sustentabilidad de la calabaza de castilla en la agricultura, en el estado de Tlaxcala. Le agradeceré que me conteste unas breves preguntas. Los datos recabados serán utilizados para fines estadísticos.

FOLIO: _____
FECHA: _____

Instrucciones: Marcar con una X la respuesta

1. ¿Siembra calabaza de castilla? Sí ___ (1)   No ___ (2) (Termina).
2. ¿Qué superficie siembra?
   1 a 5 Ha ___ (1)   6 a 10 Ha ___ (2)   11 a 15 Ha ___ (3)   16 a 20 Ha ___ (4)
   Otra (Mencionar) _____ (5)
3. ¿Qué Aprovecha de la calabaza de castilla?
   Pulpa ___ (1)   Pepita ___ (2)   Calabaza completa ___ (3)   Otra (Mencionar) _____ (4)
4. ¿Qué hace con la pulpa de la calabaza de castilla?
   La deja en el campo ___ (1)   La regala ___ (2)   La comercializa ___ (3)   Autoconsumo ___ (4)
   Otro (Mencionar) _____ (5)
5. ¿Qué promedio de pulpa de calabaza de castilla obtiene por hectárea?
   1 a 5 Ton/ha ___ (1)   6 a 10Ton/ha ___ (2)   11 a 15 Ton/ha ___ (3)   16 a 20 Ton/ha ___ (4)
   Otro (Mencionar) _____ (5)
6. ¿Cuál es el destino final de la pulpa de calabaza de castilla?
   Mercado local ___ (1)   Venta a menudeo ___ (2)   Autoconsumo ___ (3)   No sabe ___ (4)
   Otro (Mencionar) _____ (5)
7. ¿Qué hace el comprador a la pulpa de calabaza de castilla?
   Regeneración de suelos ___ (1)   Alimento para animales ___ (2)   Productos de temporada ___ (3)   No sabe ___ (4)
   Otro (Mencionar) _____ (5)
8. ¿Estaría interesado en industrializar la pulpa de calabaza de castilla con el propósito de darle valor agregado a su producción?
   Definitivamente sí ___ (1)   Probablemente sí ___ (2)   No estoy seguro ___ (3)   Probablemente no ___ (4)
   Definitivamente no _____ (5)
9. ¿Asigne del 1 al 5, por orden de preferencia qué proceso sería el ideal para transformar la pulpa de calabaza de castilla. (Siendo el No. 1 la de mayor interés y el 5, el menor interés)?
   Deshidratado ___ (1)   Congelado ___ (2)   Mermelada ___ (3)   Salmuera ___ (4)   Dulces ___ (5)
10. ¿Qué producto final sugiere para aprovechar la pulpa de calabaza de castilla?
    Alimenticio ___ (1)   Farmacéutico ___ (2)   Cosmético ___ (3)   Químico ___ (4)
    Otro (Mencionar) _____ (5)
11. Si lo que aprovecha es la pepita. ¿Qué hace con ella?
    Semilla ___ (1)   Pepitas tostadas ___ (2)   Dulce de pepita ___ (3)   La comercializa ___ (4)
    Otro (Mencionar) _____ (5)
12. Si lo que aprovecha es la calabaza completa. ¿Cómo la utiliza?
    Venta a menudeo ___ (1)   Dulces ___ (2)   Productos de temporada ___ (3)   Alimento para ganado ___ (4)
    Otro (Mencionar) _____ (5)

Por último, le agradecemos nos proporcione algunos datos generales:
Sexo: M ___ (1) F ___ (2)
Edad: 18 a 25 ___ (1) 26 a 33 ___ (2) 34 a 41 ___ (3) 42 a 49 ___ (4) 50 en adelante _____ (5)
Nivel de estudios: Primaria ___ (1) Secundaria ___ (2) Bachillerato ___ (3) Licenciatura ___ (4) Sin estudios _____ (5)
Municipio: Altzayanca ___ (1) Cuapiaxtla ___ (2) Huamantla ___ (3) Ixtenco ___ (4) Españita ___ (5) Tepetitla ___ (6) Calpulalpan ___ (7)
Ixtacuixtla ___ (8) Nativitas ___ (9) Zitlaltepec ___ (10) Otro _____ (11)
(mencionar)

Gracias

ANEXO 5

ENCUESTA AL SECTOR SECUNDARIO (INDUSTRIA).

Buenas tardes Sr. Industrial, mi nombre es __soy estudiante de la Universidad Popular Autónoma de Puebla, y llevo a cabo una encuesta sobre sustentabilidad en la agricultura sobre la calabaza de castilla, en el estado de Tlaxcala. Le agradecería que me conteste unas breves preguntas. Los datos recabados serán utilizados para fines estadísticos.

FOLIO: _____

Instrucciones: Marcar con una X la respuesta   FECHA: _____

1. ¿Cuál es el giro de la empresa?
Farmacéutica _____ (1)   Cosmética _____ (2)   Alimenticia _____ (3)
Química _____ (4)   Otro (Mencionar) _____ (5)

2. ¿Utiliza calabaza de castilla para elaborar sus productos?
Sí _____ (1)   No _____ (2)

3. ¿En qué forma adquiere la calabaza de castilla?
Deshidratado en polvo _____ (1)   Deshidratado en hojuelas __ (2)   Deshidratado granulado (3)
Fresco _____ (4)   Otra (Mencionar) _____ (5)

4. ¿Asigne del 1 al 5, por orden de preferencia, lo que busca del producto de calabaza de castilla.
(Siendo el No. 1 la de mayor interés y el 5, el de menor interés)?
Calidad _____ (1)   Precio _____ (2)   Marca _____ (3)   Sabor _____ (4)   Color _____ (5)

5. ¿Qué normatividad debe cumplir el producto?
Sanitizado _____ (1)   Certificado de calidad ____ (2)   Registro de rastreabilidad _____ (3)
Proceso de rayos gami (4)   Otra (Mencionar) _____ (5)

6. ¿Su proveedor es?
Nacional _____ (1)   Importación _____ (2)   Intermediario _____ (3)
Productor _____ (4)   Otro (Mencionar) _____ (5)

7. ¿En qué tipo de envase lo adquiriere?
Caja de cartón _____ (1)   Tambo de fierro _____ (2)   Bolsa de polietileno ____ (3)
Cubeta de plástico _____ (4)   Otra (Mencionar) _____ (5)

8. ¿En qué presentación la adquiere?
1 a 5 Kgs. _____ (1)   5 a 10 Kgs. _____ (2)   10 a 15 Kgs. _____ (3)
15 a 20 Kgs. _____ (4)   Otra (Mencionar) _____ (5)

9. ¿Qué cantidad de calabaza de castilla adquiere?
01 a 50 kg. _____ (1)   51 a 100 Kg. (2)   101 a 200 kg. (3)
500 a 1000 Kg. _____ (4)   Otra (Mencionar) _____ (5)

10. ¿Con qué frecuencia compra calabaza de castilla?
Mensual _____ (1)   Quincenal (2)   Semanal _____ (3)
Diario (4)   Otra (Mencionar) _____ (5)

11. ¿Para qué productos utiliza la calabaza de castilla?
Productos de limpieza _____ (1)   Productos bajo en calorías _____ (2)   Productos naturistas (3)
Producto cosmético _____ (4)   Otro (Mencionar) _____ (5)

Por último, le agradecemos nos proporcione algunos datos generales:

Sexo: M ___ (1)   F __ (2)
Edad: 18 a 25 _____ (1)   26 a 33 _____ (2) 34 a 41 _____ (3) 42 a 49 _____ (4) 50 en adelante _____ (5)
Nivel de estudios: Primaria _____ (1) Secundaria _____ (2)   Bachillerato ____ (3)   Licenciatura _____ (4)
Nombre de la empresa: _____
Municipio: _____   Estado: _____
Puesto: Director _____ (1)   Gerente general _____ (2)   Jefe de compras _____ (3)   Innovación de productos ____ (4)
Tamaño: Grande (501 en adelante) ____ (1)   Mediana (101-500) ___ (2)   Pequeña (31-100) ___ (3)   Micro (1-30) _____ (4)

Gracias

ANEXO 6

ENCUESTA AL SECTOR TERCIARIO (COMERCIO)

Buenas tardes Sr. Comercial, mi nombre es _____soy estudiante de la Universidad Popular Autónoma de Puebla, y llevo a cabo una encuesta sobre sustentabilidad en la agricultura sobre la calabaza de castilla, en el estado de Tlaxcala. Le agradecería que me conteste unas breves preguntas. Los datos recabados serán utilizados para fines estadísticos.

FOLIO: _____

Instrucciones: Marcar con una X la respuesta   FECHA: _____

1. ¿Cuál es el tipo de establecimiento?
Panadería _____ (1)   Tienda naturista _____ (2)   Restaurant_____ (3)
Cadena de supermercados ___ (4)   Otro (Mencionar)_____ (5)

2. ¿Entre los productos que comercializa, alguno(s) contienen calabaza de castilla?
Sí _____ (1) No _____ (2) (Sí contesta no, pase a la pregunta 6).

3. ¿Cuál o cuáles de los productos que comercializa contienen calabaza de castilla?
Limpieza _____ (1)   Naturista _____ (2)   Farmacéutico_____ (3)
Alimenticio _____ (4)   Otra (Mencionar) _____ (5)

4. ¿Qué aceptación tiene el producto entre los consumidores?
Excelente_____ (1) Buena _____ (2) Regular _____ (3) Mala _____ (4) Pésima _____ (5)

5. ¿Cuáles productos son los más aceptados?
Sopa baja en calorías_____ (1)   Dulce bajo en calorías ___ (2)   Productos naturistas_____ (3)
Productos de limpieza _____ (4)   Otra (Mencionar)_____ (5)

6. ¿Le gustaría diversificar su mercancía vendiendo otros productos que contengan calabaza de castilla?
Sí _____ (1) No _____ (2) (Sí contesta no, terminar encuesta).

7. ¿En qué forma le gustaría adquirir el producto de calabaza de castilla?
Deshidratado en polvo_____ (1)   Congelado___ (2)   Mermelada_____ (3)
Salmuera_____ (4)   Otra (Mencionar)_____ (5)

8. Del producto que señalo ¿Cuál sería el volumen de adquisición del producto de calabaza de castilla?

Producto	01 a 50 kg. (1)	51 a 100 Kg. (2)	101 a 200 kg. (3)	500 a 1000 Kg. (4)	Otra (Mencionar)
Deshidratado en polvo					
Congelado					
Mermelada					
Salmuera					
Otra (Mencionar)					

9. Del producto que señalo ¿Con qué frecuencia compraría el producto de calabaza de castilla?

Producto	Mensual (1)	Quincenal (2)	Semanal (3)	Diario (4)	Otra (Mencionar)
Deshidratado en polvo					
Congelado					
Mermelada					
Salmuera					
Otra (Mencionar)					

10. Del producto que señalo ¿En qué tipo de envase le gustaría adquirir el producto de calabaza de castilla?

Producto	Bolsa de plástico (1)	Frasco de vidrio (2)	Frasco de plástico (3)	Cubeta de plástico (4)	Otra (Mencionar)
Deshidratado en polvo					
Congelado					
Mermelada					
Salmuera					
Otra (Mencionar)					

11. Del producto que señalo ¿Qué contenido por envase le gustaría?

Producto	250 grs. (1)	500 grs. (2)	1000 grs. (3)	5 a 10 Kgs. (4)	Otra (Mencionar)
Deshidratado en polvo					
Congelado					
Mermelada					
Salmuera					
Otra (Mencionar)					

12. ¿Asigne del 1 al 5, por orden de preferencia, lo que buscaría del producto de calabaza de castilla (Siendo el No. 1 la de mayor interés y el 5. el de menor interés)?
Calidad _____ (1) Precio _____ (2) Marca _____ (3) Sabor _____ (4) Color _____ (5)

Por último, le agradecemos nos proporcione algunos datos generales:
Sexo: M ___ (1) F ___ (2)
Edad: 18 a 25 _____ (1) 26 a 33 _____ (2) 34 a 41 _____ (3) 42 a 49 _____ (4) 50 en adelante_____ (5)
Nivel de estudios: Primaria _____ (1) Secundaria _____ (2) Bachillerato _____ (3) Licenciatura _____ (4)
Puesto: Dueño _____ (1) Encargado_____ (2) Socio_____ (3) Dpto. de compras_____ (4)
Municipio: _____Estado: _____

Gracias

ANEXO 7

ENCUESTA AL CONSUMIDOR MUJERES MAYORES DE 18 AÑOS DE EDAD

Buenas tardes Sr. Consumidor, mi nombre es _____s o y estudiante de la Universidad Popular Autónoma de Puebla, y llevo a cabo una encuesta sobre sustentabilidad en la agricultura sobre la calabaza de castilla, en el estado de Tlaxcala. Le agradecería que me conteste unas breves preguntas. Los datos recabados serán utilizados para fines estadísticos.

FOLIO: _____

FECHA: _____

Instrucciones: Marcar con una X la respuesta

1. ¿Dónde se aplicó la encuesta?

Supermercado _____ (1)   Vía pública _____ (2)   Mercado local _____ (3)

Casa habitación _____ (4)   Otro (Mencionar) _____ (5)

2. ¿Ha consumido calabaza de castilla?

Sí ___ (1)   No ___ (2)   (Sí contesta no, pase a la pregunta 5).

3. ¿Le ha gustado?

Sí ___ (1)   No ___ (2)

4. ¿En qué forma lo ha consumido?

Dulce cristalizado _____ (1)   Pan _____ (2)   Mermelada _____ (3)

Sopa (crema) _____ (4)   Otra (Mencionar) _____ (5)

5. ¿Asigne del 1 al 5, por orden de preferencia, en qué productos le gustaría consumir calabaza de castilla. Siendo el No. 1 la de mayor interés y el 5, el de menor interés?

Sopa (cremas) _____ (1)   Pan _____ (2)   Mermelada _____ (3)   Dulce _____ (4)   Yoghurt _____ (5)

6. ¿Con qué frecuencia consumiría el producto de calabaza?

Diario _____ (1)   Una vez por semana _____ (2)   Dos veces por semana _____ (3)

Tres veces a la semana _____ (4)   Otra (Mencionar) _____ (5)

7. Asigne del 1 al 5, por orden de preferencia, lo que buscaría del producto de calabaza de castilla. (Siendo el No. 1 la de mayor interés y el 5, el de menor interés).

Calidad _____ (1)   Precio _____ (2)   Marca _____ (3)   Sabor _____ (4)   Color _____ (5)

8. ¿En qué tipo de envase le gustaría adquirir el producto de calabaza de castilla?

Producto	Bolsa de plástico (1)	Frasco de vidrio (2)	Frasco de plástico (3)	Tetra-pack (4)	Otra (Mencionar) (5)
Sopa (cremas)					
Pan					
Mermelada					
Dulce					
Yoghurt					
Otro (Mencionar)					

9. ¿Qué contenido le gustaría?

Producto	250 grs. (1)	500 grs. (2)	1000 grs. (3)	5-10 Kgs. (4)	Otra (Mencionar) (5)
Sopa (cremas)					
Pan					
Mermelada					
Dulce					
Yoghurt					
Otro (Mencionar)					

10. ¿Dónde le gustaría comprar, los productos derivados de calabaza de castilla?

Tiendas de autoservicio _____ (1)   Abarrotes ___ (2)   Distribuidoras de materias primas ____ (3)

Tienda naturistas_____ (4)   Otra (Mencionar) _____ (5)

Por último, le agradecemos nos proporcione algunos datos generales:

Sexo: M __(1) F __ (2)

Edad: 18 a 25 _____ (1) 26 a 33_____ (2) 34 a 41 _____(3) 42 a 49 _____(4) 50 en adelante_____ (5)

Nivel de estudios: Primaria_____(1) Secundaria_____(2) Media superior_____(3) Superior _____ (4)

Municipio: _____

Gracias

ANEXO 8

LABORATORIO DE CONTROL DE CALIDAD UDLA-P
Ex-Hacienda Santa Catarina Mártir s/n   c.p. 72820
San Andrés Cholula, Puebla. FUA851220CFO
INFORME DE RESULTADOS

FO-029

ORDEN	242
CLAVE	011

José Víctor Galaviz Rodríguez

Por este conducto presento a usted el resultado de análisis de una muestra de **Pulpa de calabaza** de las siguientes características

FECHA DE RECEPCION: 2009-Mayo-08	Página: 1/2
LAPSO DE ANALISIS: 2009-Mayo-08 AL 2009-Mayo-29	
FECHA/ELABORACION REPORTE: 2009-Mayo-29	

PARAMETROS ANALIZADOS	Especificación de acuerdo a la norma	CONCENTRACION OBTENIDA	METODO DE PRUEBA
Proteína	Especificación interna del cliente	3,43 0,01%	NMX-F-608-NORMEX-2002
Extracto etéreo	Especificación interna del cliente	2,60 0,07%	NMX-F-607-NORMEX-2002
Ceniza	Especificación interna del cliente	7,86±0,25%	NMX-F-615-NORMEX-2004
Humedad	Especificación interna del cliente	10,39±0,03%	NOM-116-SSA1-1994
Fibra Cruda	Especificación interna del cliente	9,30±0,20%	NMX-F-613-NORMEX-2003
NaCl	Especificación interna del cliente	0,50±0,02%	NOM-086-SSA1-1994
Carbohidratos	Especificación interna del cliente	66,42%	Cálculo por diferencia

Nota: Interpretar la coma (,) como signo decimal según norma NOM-008-SCFI-2002

Observaciones: El laboratorio no se hace responsable de la representatividad de la muestra, debido a que fue proporcionada por el cliente.

SUPERVISO   AUTORIZO

--   --

M.C. Emma Mani   Dr. Aurelio López Malo
Responsable del Área de Fisicoquímicos   Director General

 **LABORATORIO DE CONTROL DE CALIDAD UDLA-P**
Ex-Hacienda Santa Catarina Mártir s/n   c.p. 72820
San Andrés Cholula, Puebla.   FUA851220CFO

INFORME DE RESULTADOS

Información nutrimental de Pulpa de Calabaza

Información Nutrimental

Pulpa de Calabaza	**Tamaño de Porción: 100g**	
Porciones por empaque: POR DEFINIR		
Contenido energético		
por Porción	1 285,4 kJ	(302,6 kcal)
Proteínas		3,4 g
Grasas (Lípidos)		2,6 g
Carbohidratos (Hidratos de Carbono)		66,4 g
de los cuales:		
Fibra dietética		9,3 g
Sodio		200 mg

Los valores de la Ingesta Diaria Recomendada están basados en lo establecido en la NOM-051-SCFI-1994.

ANEXO 9

Deshidratador solar

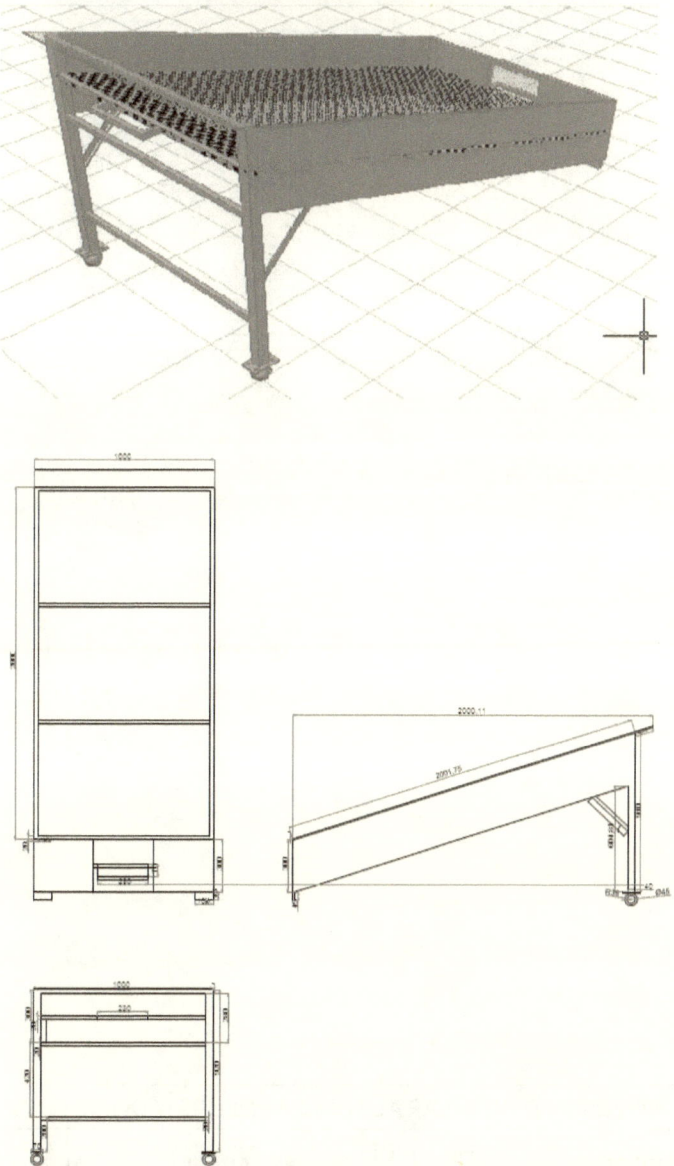

UNIVERSIDAD POPULAR AUTÓNOMA DEL ESTADO DE PUEBLA			
ELABORÓ	FECHA DE ELABORACIÓN	ESCALA	APROBÓ
ISAAC GONZÁLEZ TORRES	MAYO 18 DE 2010	1:1	JOSÉ VICTOR GALAVIZ RODRIGUEZ

218

Deshidratador híbrido (gas-eléctrico)

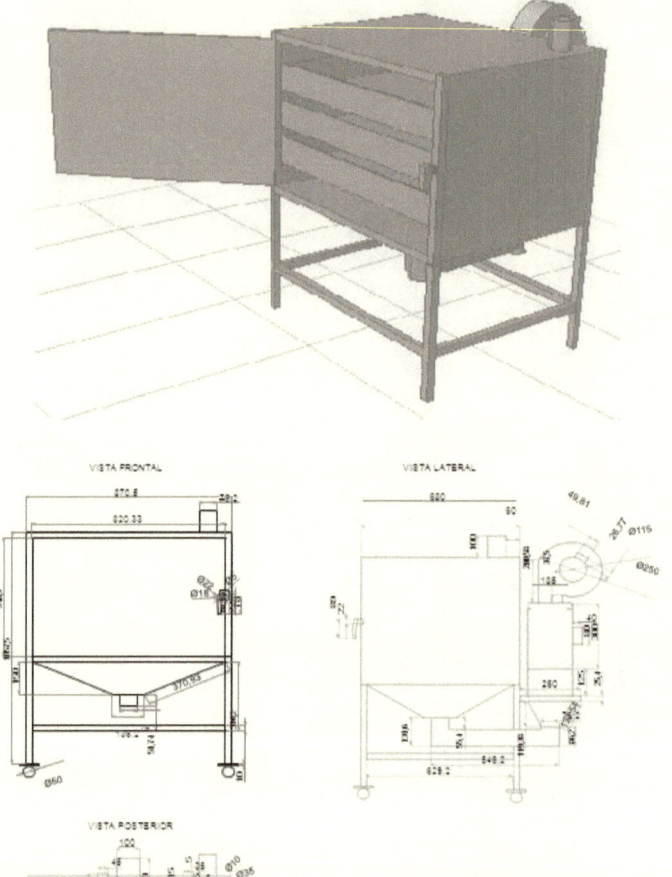

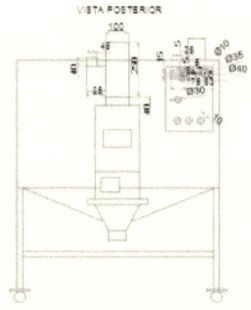

UNIVERSIDAD POPULAR AUTÓNOMA DEL ESTADO DE PUEBLA			
ELABORÓ	FECHA DE ELABORACIÓN	ESCALA	APROBÓ
ISAAC GONZÁLEZ TORRES	MAYO 18 DE 2010	1:1	JOSÉ VICTOR GALAVIZ RODRIGUEZ

AUTORES

Dr. José Víctor Galaviz Rodríguez

Email: galaviz_4@hotmail.com
Lugar de nacimiento:
Huamantla, Tlaxcala.
Estudios de licenciatura:
Ingeniería Industrial en Producción, Instituto Tecnológico de Apizaco, México.
Estudios de maestría:
Maestría en Ingeniería Administrativa, Instituto Tecnológico de Apizaco, México.
Estudios de doctorado:
Planeación Estratégica y Dirección de Tecnología, Universidad Popular Autónoma del Estado de Puebla, México
Diplomados:
Formación y Actualización Docente para un Nuevo Modelo Educativo. Instituto Politécnico Nacional.
Herramientas Metodológicas para la Formación Basada en Competencias Profesionales, Tecnológico de Monterrey.
Actividad laboral:
Industrias Alimenticias Nacionales S.A. (Grupo Del Fuerte)
Industrias Alimenticias Hermosillo S.A. de C.V.
Pavillion S.A. de C.V. (Grupo Porcelanite) Planta Tlaxcala y San José Iturbide Guanajuato
Lamosa Revestimiento S.A. de C.V.
Universidad Tecnológica de Tlaxcala
Instituto Tecnológico de Apizaco
Cursos que imparte:
Licenciatura: Estudio de mercado, Desarrollo y Seguimiento de Proyectos, Logística de Materiales, Integradora.
Maestría: Mercadotecnia y Proyectos Industriales.

Áreas de interés científico: Planeación estratégica, Desarrollo y Seguimiento de Proyectos

Proyectos actuales de investigación:

Desarrollo de investigación aplicada y tecnológica en la caracterización de deshidratadoras para mejorar la eficiencia de los procesos productivos, a través del aprovechamiento de las energías renovables y optimización de procesos de manufactura en las PYMES del Estado de Tlaxcala.

Instituciones con quien colabora en trabajos de investigación: Universidad Politécnica de Tulancingo, México. Benemérita Universidad Autónoma de Puebla, México. Instituto Tecnológico de Apizaco, México

Publicaciones recientes:

- Galaviz, J. V., Martínez, R., Cervantes, B. A., Hernández, J. L., Mendoza, E., Padilla, A., & Villegas, D. (2012). Estrategia Tecnológica Sustentable para Deshidratar Frutas, Verduras y Legumbres. Bloomington, IN.: Palibrio. ISBN Tapa dura: 978-1-4633-1810-9. ISBN Tapa Blanda: 978-1-4633-1809-3. ISBN Libro Electrónico: 978-1-4633-1811-6.
- Galaviz, J. V., Martínez, R., Cervantes, B., Lima, M., & Hernández, J. L. (2012). Fortificación de Pan a Base de Tomate Deshidratado en Tlaxcala. Revista Mexicana de Agronegocios, 10-14.
- Galaviz Rodríguez, J. V. (2007). Patente n° 1009484. México.

Dra. Yésica Mayett Moreno

Email: yesica.mayett@upaep.mx
Lugar de nacimiento: México, D. F.
Estudios de licenciatura: Economía, Universidad Autónoma Metropolitana- Iztapalapa, México.
Estudios de maestría: Master on Business Administration, Universidad de las Américas, México.
Estudios de doctorado: Ciencias, Colegio de Postgraduados- *Campus* Puebla, México
Cursos que imparte:
Licenciatura: Planeación estratégica; Comportamiento Organizacional
Maestría: Comportamiento del consumidor; Comunicación comercial
Áreas de interés científico: Planeación estratégica; Comercialización.
Proyectos actuales de investigación:

Desarrollo de investigaciones básicas, aplicadas y socioeconómicas para promover la Cuenca Puebla-Tlaxcala de producción comercial de hongos comestibles en México con el impulso de la biotecnología aplicada y moderna.

Instituciones con quien colabora en trabajos de investigación: Colegio de Postgraduados, Universidad Autónoma de Puebla, Instituto de Micología Neotropical Aplicada, A. C.

Experiencia profesional no universitaria: Atención y servicio a clientes (6 años).

Publicaciones recientes:

- Mayett, Y., Martínez-Carrera, D., Sánchez, M., Macías, A., Mora, S. & Estrada, A. (2004). *"Consumption of edible mushrooms in developing countries: the case of Mexico".* In C. P. Romaine, C. B. Keil, D. L. Rinker & D. J. Royse (Eds.), *Science and cultivation of edible and medicinal fungi* (pp. 687-696). Conference held in Miami, U.S.A. (March 14-17).

- Martínez-Carrera, D., Sobal, M., P. Morales, W. Martínez, M. Martínez y Y. Mayett. 2004. *Los hongos comestibles: propiedades nutricionales, medicinales y su contribución a la alimentación mexicana. El shiitake.* Colegio de Postgraduados, Universidad Popular Autónoma del Estado de Puebla, Universidad Autónoma de Puebla, Instituto de Micología Neotropical Aplicada, A. C.

Dra. Judith Cavazos Arroyo

Email: judith.cavazos@upaep.mx
Lugar de nacimiento: Puebla, Pue.
Estudios de Licenciatura: Administración de Empresas, Universidad de las Américas
Puebla, México.
Estudios de Maestría:

- Administración, Universidad Popular Autónoma del Estado de Puebla, México.
- Mercadotecnia, Universidad Popular Autónoma del Estado de Puebla, México

Estudios de Doctorado: Dirección y mercadotecnia, Universidad Popular
Autónoma del Estado de Puebla, México.

Cursos que imparte: Negocios electrónicos, Comportamiento de consumo, Investigación cualitativa, Investigación cuantitativa.

Experiencia profesional no universitaria:

Dirección del área de mercadotecnia en materias primas y frutas secas michoacanas, coordinación y manejo de ventas de medio mayoreo en La Industrial S.A. de C.V., auxiliar de recursos humanos en Inplastik S.A. de C.V.

Publicaciones recientes:

- Aguirre, I.; Cavazos, J.; Tello, M. (2006) Casos de éxito y fracaso en la administración mexicana, editorial Trillas.
- Cavazos, J. (2006). Análisis de la autogratificación femenina y el Desarrollo de Rasgos Materialistas: Un Caso Semi-Urbano. Revista de Administração da Universidad Metodista de Piracicaba, vol. 4, núm1, janeiro/abril, pp. 5-12.
- Cavazos, J.; Reyes, S. (2006). Comercio electrónico: un Enfoque de Modelos de Negocio. Editorial CECSA, ISBN: 970-24-1096-7
- Herzberg, E. comp. Cavazos, J. Freid, J., Jiménez, O., Neal, A., Ramírez, M., Youngelson, H. Colaboradores (2006*) La Globalización. Presente y futuro.* Editorial UPAEP, ISBN 968-6683-47-X.
- Cavazos, et al. (2006) Participación en la Revisión Técnica para la edición en español del libro de *marketing. Versión para Latinoamérica de Philip Kotler,* editorial Prentice Hall, Pearson Educación.
- Cavazos, J.; Tello, M. (2005). Análisis de la autogratificación material femenina y sus implicaciones hacia el desarrollo de rasgos materialistas en un entorno semiurbano: caso Tepexi de Rodríguez, Puebla. *Memorias de la 1ª Convención Nacional de Investigación Aplicada y Desarrollo Tecnológico.* Secretaría de Educación Pública y Consejo de ciencia y Tecnología del Estado de Puebla.
- Aguirre, I.; Cavazos, J.; Tello, M. (2004) Revisión Técnica para la edición en español del libro *Administración* de Robbins, editorial Prentice Hall, Pearson Educación, 2005. El libro incluye dos casos escritos por Cavazos, Judith.
- Cavazos, et al. (2004) Investigación de Mercados para la Consejería de Turismo Municipal del H. Ayuntamiento de Puebla orientada a la *generación de una propuesta de Turismo Vivencial*

en la ciudad de Puebla: orientación al turismo religioso y el turismo de compras. (Material disponible en la Consejería de Turismo del H. Ayuntamiento de la ciudad de Puebla, México).

- Cavazos, et al. (2003) Participación en la Revisión Técnica para la edición en español del libro de *Investigación de Mercados un enfoque aplicado* de Naresh Malhotra, editorial Prentice Hall, Pearson Educación.
- Cavazos, J., Reyes, S. (2002). *Manual de Comercio electrónico.* Departamento de Ciencias Económicas y Sociales, UPAEP.
- Cavazos, J., Mayett, Y. (2001) *Aplicaciones en Mercadotecnia.* Departamento de Ciencias Económicas y Sociales, Universidad Popular Autónoma del Estado de Puebla.

Dra. Patricia de la Rosa Peñaloza

Email: patricia.delarosa@upaep.mx
Lugar de nacimiento: Toluca; México
Estudios de licenciatura: Ingeniero Agrónomo Fitotecnista, Universidad Autónoma Chapingo, México
Estudios de maestría: En Educación, Universidad Popular Autónoma del Estado de Puebla, México
Estudios de doctorado: En Ciencias Agrícolas, con especialidad en Estrategias para el Desarrollo Agrícola Regional, Colegio de Postgraduados, Chapingo, México
Cursos que imparte:
Licenciatura: Edafología y nutrición vegetal, fisiología, producción de hortalizas, producción de granos y forrajes, prácticas de manejo de los recursos agropecuarios, prácticas de producción agrícola, prácticas de manejo sanitario.
Áreas de interés científico: Producción de hortalizas en hidroponía y cultivo de tejidos vegetales.
Proyectos actuales de investigación:

- Establecimiento de un invernadero con sistemas hidropónicos y evaluación de hortalizas en hidroponía.
- Evaluación de seis variedades de lechuga (*Lactuca sativa* L. *Cichorium endivia* y *Cichorium intybus*) en dos soluciones nutritivas y en los sistemas: Nutrient Film Technique y Raíz flotante.

- Respuesta de pimiento morrón variedad Doble Upp al sistema cerrado de macetas holandesas y al fertilizante Flora Mato de General Hydroponics.

Experiencia profesional no universitaria: Docencia nivel primaria, secundaria y bachillerato; inspección y certificación de productos agrícolas orgánicos; desarrollo e implementación de proyectos de cultivo de tejidos vegetales; capacitación a productores en el área de orgánicos e hidroponía.

Publicaciones recientes:

- El sistema hidropónico entre productores minifundistas de la Mixteca Poblana.
- Evaluación productiva y económica del sistema hidropónico en invernaderos rústicos en Nativitas, Tlaxcala.
- Transferencia de tecnología hidropónica, el caso: Nativitas Tlaxcala y La Mixteca Poblana.

Dra. Ana Paola Sánchez-Lezama

paolas25mx@yahoo.com.mx

Universidad Popular Autónoma del Estado de Puebla
Tel: (52-22) 2299400 ext. 7132 **Fax:** (52-22) 2299400 ext. 7582
Dirección: 21Sur No. 1103 Col. Santiago CP. 72410, Puebla, Pue. México

Ana Paola Sánchez-Lezama es Doctora por el Departamento de Mercadotecnia de la Universidad Popular Autónoma del Estado de Puebla en México. Actuaria por la Universidad de las Américas Puebla, México y con maestría en estadística por York University en Toronto, Canadá. Su interés primario es el modelado analítico, modelos estadísticos y sistemas computacionales, así como la aplicación de la mercadotecnia social, teórica y práctica en la solución de problemas de salud.

www.ingramcontent.com/pod-product-compliance
Lightning Source LLC
Chambersburg PA
CBHW030003190526
45157CB00014B/407